咖啡制作实务

主　编　席冬梅

副主编　杨　峰　陈利华　蔡清洲

参　编　张　武　冯丽娟　崔　妍　邱向上

　　　　秦盛林　李　奇　任熹璇　孔璐璐

　　　　杨智斌　吴　珊　张　凡

主　审　程丹梦　杜　德

北京理工大学出版社
BEIJING INSTITUTE OF TECHNOLOGY PRESS

内 容 简 介

本书从咖啡国际发展前沿出发，结合我国咖啡发展的新成就、新成果、新动态，帮助读者了解行业发展趋势，并以一名咖啡行业准从业人员角色贯穿整本教材，以该角色在不同场景中的学习和工作情况为案例，引导读者认识分析其中涉及的工作核心技能、问题解决方法，不仅能提升读者对岗位能力要求的基础认识，还能提高读者的技能操作和运营管理能力，从而让读者掌握咖啡基础知识，习得咖啡制作品评技能，为其从事咖啡服务工作奠定扎实的基础。

图书在版编目（CIP）数据

咖啡制作实务 / 席冬梅主编. -- 北京 : 北京理工大学出版社, 2024.4

ISBN 978-7-5763-3824-9

Ⅰ. ①咖… Ⅱ. ①席… Ⅲ. ①咖啡—配制 Ⅳ. ①TS273

中国国家版本馆CIP数据核字（2024）第079200号

责任编辑：王梦春	**文案编辑**：芈　岚
责任校对：刘亚男	**责任印制**：施胜娟

出版发行 / 北京理工大学出版社有限责任公司

社　　址 / 北京市丰台区四合庄路 6 号

邮　　编 / 100070

电　　话 /（010）68914026（教材售后服务热线）

　　　　　　（010）68944437（课件资源服务热线）

网　　址 / http://www.bitpress.com.cn

版印次 / 2024 年 4 月第 1 版第 1 次印刷

印　　刷 / 定州启航印刷有限公司

开　　本 / 889 mm×1194 mm　1/16

印　　张 / 13

字　　数 / 307 千字

定　　价 / 89.00 元

前 言

　　在这个快节奏的现代社会，咖啡已经成为大众生活中不可或缺的一部分。无论是清晨醒来时冰美式咖啡带来的提神醒脑，还是午后与朋友相聚时桌垫上咖啡的温馨陪伴，咖啡都以其独特的魅力融入到了我们的日常生活中。当您翻开这本书，便开启了一场关于咖啡的奇妙之旅。

　　咖啡，这颗小小的豆子，仿佛蕴含着无尽的奥秘和魅力。它不仅是一种饮品，更是一种文化，一种生活方式的象征。对于许多刚刚接触咖啡的读者来说，也许您已经体验到它的某种神奇之处，但同时也产生了种种困惑。也许您曾经在咖啡店的菜单前犹豫不决，不明白拿铁、卡布奇诺和摩卡之间的区别；也许您在家中尝试冲泡咖啡，却总是得不到满意的口感。别担心，这本书将带领您逐步揭开咖啡的神秘面纱。

　　世界上主要的咖啡品种包括阿拉比卡、罗布斯塔和利比里亚。不同品种的咖啡，在口感和风味上，都有其独特的一面。除了品种的差异，咖啡还可以根据产地的不同分为许多种类，如哥伦比亚咖啡、巴西咖啡、肯尼亚咖啡等。在中国，云南咖啡有着不小的名气，云南省的西部和南部海拔较高，这里土壤肥沃、日照充足、雨量丰富，独特的自然条件造就了云南咖啡品味的特殊性，被誉为"中国咖啡之乡"的德宏州就位于云南省境内。

　　要想真正"亲近"咖啡，就必须懂得品鉴咖啡，这是一门艺术，需要我们发动多个感官去体会咖啡的香气、酸度、甜度、醇厚度和余味。只有在不断地品尝和比较中，才能逐渐培养出敏锐的咖啡品鉴能力。

　　有人说，冲泡咖啡就宛如在与灵魂对话，于静谧的时光中感悟人生。在本书中，我们也将为您介绍各种常见的冲泡方法，如使用手冲壶、虹吸壶、法式滤压壶、意式浓缩咖啡机等。每种冲泡方法都有其独特的魅力与个性。

　　拉花，是一件很有意思的事情。充分打发的奶泡在咖啡中沉淀、上升，最终浮在咖啡表

面，汇聚成各种各样的美丽图案。学习拉花需要掌握奶泡的打发技巧和图案的绘制手法，虽然具有一定的难度，但当您成功地在咖啡上"种植"一朵郁金香或勾勒出心的形状，那种成就感是无法言喻的。

　　关于咖啡，还有千言万语想和您说，希望这本书能够成为您探索咖啡世界的良师益友，愿您在咖啡的香气中找到宁静与快乐，开启属于您自己的咖啡之旅！

编　者

目录

项目一

认识咖啡豆

【项目引言】

可可、咖啡、茶并称世界上三大无酒精饮料，咖啡因其特有的风味颇受年轻人喜爱，逐渐成为人们日常生活的一部分。本项目围绕咖啡豆展开，依托知识准备和实践训练来实施学习任务，使学习者具备咖啡豆的种植与采摘、咖啡豆的结构与加工处理方法、咖啡生豆的挑选与储存方法等方面的相关知识与技能。

【项目目标】

1. 了解咖啡的生长环境，熟知"咖啡带"的范围。

2. 了解咖啡的主要品种，会分辨阿拉比卡种和罗布斯塔种咖啡。

3. 熟悉咖啡豆的采摘方法。

4. 熟悉咖啡豆的加工处理方法，能够区分水洗豆和日晒豆。

5. 了解咖啡生豆的挑选方法，掌握不同咖啡豆的储存方法。

6. 了解云南咖啡的种植及市场需要，树立文化自信。

7. 紧跟时代发展的步伐，提升职业素养。

任务1　加工咖啡豆

【任务情景】

初到咖啡厅任职的晓啡，被咖啡碟旁用于装饰的咖啡豆所吸引，一粒小小的咖啡豆到底经历了哪些加工步骤，才能成为一杯美味的咖啡？让我们跟随晓啡一起探索咖啡豆从"种子"到"咖啡饮品"的全过程吧。

【任务分析】

学习理论知识，观看相关的图片和视频，通过对咖啡豆的种植、采摘以及加工方式等相关知识的学习，能对咖啡豆的处理方式进行一定程度的辨别；通过手选咖啡豆，掌握区分生豆中的日晒豆和水洗豆的基本技能。

【知识准备】

一、咖啡豆的种植

1. 咖啡树

咖啡树是茜草科的常绿灌木，野生咖啡树高 4 ~ 6.5 m。人工栽培时，为了便于用手采摘，一般修剪成 2 ~ 3 m。咖啡树的树叶为 10 ~ 20 cm 大小的椭圆形，表面呈深绿色，背面为浅绿色，如图 1-1-1 所示。

2. 咖啡花

将种苗移栽到咖啡庄园后，一般 3 ~ 4 年才会第一次开花，在每年 1 ~ 4 月，咖啡树会一齐盛开出纯白色的花朵，散发出茉莉花般的芬芳气味，如图 1-1-2 所示。3 ~ 5 天后白色小花凋谢，在开过花的咖啡叶子之间，很快就能结出绿色的咖啡果实。

图 1-1-1　咖啡树

图 1-1-2　咖啡花

3. 咖啡果实

咖啡树的果实于开花后 6 ~ 8 个月成熟。果实的颜色从绿色逐渐变红，完全成熟后变为深红色。咖啡果酷似樱桃，因此也被称为"咖啡樱桃"。咖啡鲜果从外到内的结构依次为：果皮、果肉、果胶、内果皮（又称羊纸皮）、银皮、咖啡豆（种子）。通常来说，一颗咖啡果实里包含两颗咖啡豆，因为相贴面是平的，所以称为平豆或扁豆。有一些则是在生长过程中出现其中一颗咖啡豆发育不良，只有一颗豆子成熟，呈现椭圆状的情况，这种豆子称为圆豆，圆豆产量较少，常见于年轻咖啡树的枝头。咖啡果实、平豆、圆豆如图 1-1-3 ~ 图 1-1-5 所示。

图 1-1-3　咖啡果实

图 1-1-4 咖啡平豆

图 1-1-5 咖啡圆豆

4. 咖啡树的生长环境条件

（1）四季温暖如春（18℃～25℃）的气候，适中的降雨量（年降雨量1 500～2 500 mm）。

（2）日照充足，通风、排水性能良好的土地。

（3）火山岩质的土壤最适合咖啡栽培。

（4）绝对没有霜降。

（5）产地的海拔因地区不同而不同，但由于温度要保证在20℃左右，所以大部分产地分布在海拔200～2 000 m的地区。一般认为，低洼地不适宜种植咖啡。

5. 咖啡产区与咖啡带

咖啡树种植于热带和亚热带，以赤道为中心，主要介于北纬25°～南纬25°之间，温度在15℃～20℃之间，这些产区被称为"咖啡带（Coffee belt）"。咖啡带内的咖啡产区主要有非洲产区、美洲产区和亚洲产区。

（1）非洲产区。

咖啡的原产地非洲分布着埃塞俄比亚、肯尼亚、卢旺达、坦桑尼亚等众多精品咖啡产区。非洲豆有着以花香、果香为主的独特风味，做出来的咖啡富含明亮、愉悦的酸，缺点是醇厚度不够，以产自埃塞俄比亚的咖啡豆最为典型。

埃塞俄比亚是非洲最大的阿拉比卡咖啡产国，全境可划分为九大产区，其中最为知名的当属西达摩和耶加雪菲。耶加雪菲本是西达摩的一个副产区，但是由于当地咖啡的生产方式以及风味（茉莉花香、柑橘香、果香等）太过突出，故而从西达摩独立出来。

（2）美洲产区。

美洲的咖啡主产区分布于哥伦比亚、巴西、智利和危地马拉等地，风味以坚果、可可为主，味道醇厚，余韵足。缺点是香气不足，甜度和酸度表现比较中庸。

美洲产区有悠久的咖啡培育历史和丰富的生豆处理经验。这里有世界上咖啡产量最大的巴西、哥伦比亚，也有将蜜处理发扬光大的哥斯达黎加。有靠火山土壤闻名遐迩的危地马拉和夏威夷，也有培育出帕卡马拉的萨尔瓦多，以及凭借瑰夏走红于世的巴拿马。

（3）亚洲产区。

亚洲的主要种植区包括越南、印度、缅甸、泰国、印度尼西亚、巴布亚新几内亚（属于大洋洲，但是从风味上归为亚洲）以及中国云南地区。印度尼西亚是亚洲最广为人知的咖啡豆产国，黄金曼特宁、曼特宁等咖啡豆风味独树一帜，为人们所喜爱；越南是世界上最大的罗布斯塔咖啡豆产国，但种植出的咖啡豆品质不高。

在中国，最适宜种植咖啡的省份主要有云南、海南、广东、广西等地，其中云南省有德宏、保山、普洱、临沧四大产区，占我国 95% 以上的咖啡种植面积和产量。

二、咖啡豆的采摘

收获的季节一定是干燥的季节。果实成熟后 10～15 天便成熟掉落。如果错过采摘季节，那么咖啡果就会变成黑色，成为次品。采摘分为机器采摘法、搓枝法、摇树法和人工采摘法四种，如表 1-1-1 所示。

表 1-1-1　咖啡豆的采摘

采摘方法	采摘方法描述	优点	缺点
机器采摘法	利用自动化的机器采收咖啡果实，如图1-1-6所示	效率高，成本低	不能保证咖啡豆的品质
搓枝法	采收人员将树枝拉直，用手指沿着树枝由根部往顶端揉搓来采收咖啡果实，如图1-1-7所示	效率较高，成本较低	不能保证咖啡豆的品质
摇树法	采收人员用力摇动树干，使果实掉落地面，然后捡起来放在篮子里，如图1-1-8所示	效率较高，成本较低	不能保证咖啡豆的品质
人工采摘法	人工选择熟透的咖啡果进行采摘，如图1-1-9所示	品质高	成本高，效率低

图 1-1-6　机器采摘法

图 1-1-7　搓枝法

图 1-1-8 摇树法

图 1-1-9 人工采摘法

三、咖啡豆的加工方式

为了向市场提供更优质的咖啡豆，必须尽快将从咖啡树上采摘下来的咖啡鲜果中的咖啡豆剥离出来进行初加工。目前最常见的咖啡果实处理方法有日晒处理法、水洗处理法及蜜处理法。随着咖啡工艺的发展，也有更多的咖啡豆处理方法被使用，如湿刨、厌氧、酒桶、酵母、机械脱胶、水果发酵等。

1. 日晒处理法

果实采收后，倒入水槽中，将浮于水面的劣质豆去除，留下沉入水底的成熟饱满的果实，再摊放在日晒场，通过自然干燥之后，用果肉去除机去除果皮、果肉和果胶，得到生豆，最后用选豆机去除瑕疵豆并分级，即完成日晒处理过程，如图 1-1-10、图 1-1-11 所示。

图 1-1-10 日晒处理法

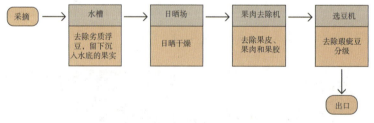

图 1-1-11 日晒处理法流程图

2. 水洗处理法

果实采收后，倒入水槽中，将浮于水面的劣质豆去除，留下沉入水底的成熟饱满的果实，用果肉去除机去除果皮和果肉；接着进入发酵槽，通过发酵去除附着在内果皮上的果胶，在水洗池去除残余的果胶及发酵菌；然后在日晒场或使用干燥机加以干燥，用脱壳机将内果皮去除；最后用选豆机去除瑕疵豆并分级，完成水洗处理过程，如图 1-1-12、图 1-1-13 所示。

图 1-1-12　水洗处理法

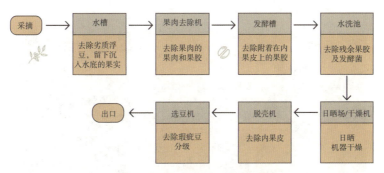

图 1-1-13　水洗处理法流程图

3. 蜜处理法

果实采收后，倒入水槽中，将浮于水面的劣质豆去除，留下沉入水底的成熟饱满的果实。用果肉去除机去除咖啡果实的果皮和果肉，接着保留果胶进入日晒场日晒干燥、发酵，用脱壳机将内果皮及果胶去除，最后用选豆机去除瑕疵豆并分级，即成为蜜处理豆，如图 1-1-14、图 1-1-15 所示。

图 1-1-14　蜜处理法

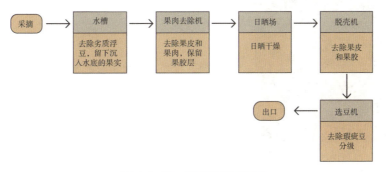

图 1-1-15　蜜处理法流程图

在蜜处理法中，果胶部分是咖啡处理发酵的重要组成部分，干燥处理则会将咖啡豆的含水率降到11%左右。根据发酵的程度不同，蜜处理法可以分为黄蜜、红蜜、黑蜜等（如图1-1-16所示），发酵程度越高，咖啡豆颜色越深。黄蜜有40%左右的果胶被去除，干燥方式需要最为直接的吸热，接受最多光照干燥，持续8天左右达到水分含量稳定值；红蜜有25%左右的果胶被去除，相较于黄蜜，干燥时间更久，并且需要减少阳光直接曝晒的时间，甚至用到遮光棚，持续12天左右；黑蜜几乎不去除果胶，干燥用时最久，最少持续2周时间，另需使用遮盖物防止咖啡豆干燥太快，使糖分转化更充分。相比于水洗法，蜜处理的咖啡豆干燥得更快，会保留更多的甜度。保留越多果胶进行处理，咖啡的最终风味越丰富，甜度越高。

图1-1-16 黄蜜、红蜜、黑蜜

咖啡豆通过日晒、水洗或蜜处理的方法处理后，生豆的颜色和咖啡的风味都将发生变化，如表1-1-2所示。

表1-1-2 日晒法、水洗法及蜜处理法的优缺点

处理方法	生豆颜色	优点	缺点
日晒处理法	通常偏黄色	操作过程简单，设备投资少，成本相对较低，咖啡的味道和香气丰富多样，且滋味醇厚	易受天气影响，次品豆、瑕疵豆和异物混入多，会带来馊味、土腥味和霉锈味
水洗处理法	通常偏黄绿色	精制度较高，杂质和瑕疵豆较少	工艺耗费时间长，设备成本和生产成本较高；发酵过程中咖啡豆容易染上酸涩味

处理方法	生豆颜色	优点	缺点
蜜处理法	 通常由绿到黄不等	甜感较高，滋味醇厚，相比日晒处理法，杂味更少	处理时必须保持咖啡的均匀翻转，否则容易过度发酵或霉变

【任务实施】

区分生豆中的日晒豆和水洗豆。

1. 任务准备

（1）器具及材料准备：混合的日晒和水洗生豆 350 g、长方形托盘、标注了"日晒豆""水洗豆"的两张白纸、咖啡围裙。

（2）小组准备：四人一组（一名吧台长、三名吧员）。

2. 操作步骤

步骤 1：取 350 g 咖啡生豆摊放在长方形托盘中，并均匀铺开，如图 1-1-17 所示。

步骤 2：通过观察生豆的颜色，分别将日晒豆和水洗豆挑选到对应的白纸上，进一步观察两类生豆的不同，如图 1-1-18 所示。

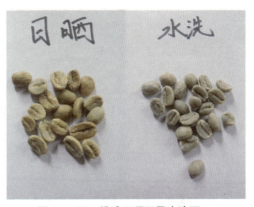

图 1-1-17　咖啡生豆摊放在长方形托盘中　　　　图 1-1-18　挑选日晒豆及水洗豆

步骤 3：检查是否分放正确。

步骤 4：小组成员轮流操作。

【任务评价】

分小组将日晒豆和水洗豆分别正确选出，完成实训评价表 1-1-3。

表1-1-3　实训评价表

评价项目	要点及标准	分值	小组评价	教师评价
工作人员实训准备（5分）	着符合咖啡师岗位要求的服装	1		
	不留长指甲	1		
	不佩戴夸张首饰	1		
	男生不留长发，耳发不过耳，刘海不过眉；女生不披发，可盘发或束发，刘海不过眉	1		
	面部保持洁净清爽	1		
器具准备（10分）	混合的日晒和水洗生豆350 g、长方形托盘、标注了"日晒豆""水洗豆"的两张白纸、咖啡围裙	10		
技能操作（60分）	取适量的咖啡生豆放入长方形托盘	10		
	将托盘上的生豆均匀铺开	10		
	区分托盘中的日晒及水洗咖啡豆，放在白纸的相应区域	15		
	观察生豆归类是否正确	15		
	小组成员轮流操作	10		
台面清洁（5分）	整洁、卫生的工作区域	5		
效果（20分）	小组成员都能正确选出	20		
总分（100分）	小组评价			
	教师评价			
实训反思				

一、单选题

1.咖啡主要栽种在热带、亚热带地区，此区又被称为"咖啡带"，其中大部分位于南北回归线（　　）。

　　A.南、北纬25°之间　　　　B.南、北纬20°之间

　　C.南、北纬28°之间　　　　D.南、北纬30°之间

2.咖啡果实处理方法中最传统的方法是（　　）。

A.水洗法、日晒法、蜜处理法

B.厌氧处理法

C.季风处理法

D.刨湿法

3.经过日晒处理后的豆子，生豆会呈现（　　）。

A.黄色　　　　　　　　　B.绿色　　　　　　　　C.深青色　　　　　　　D.浅绿色

4.咖啡起源于（　　）。

A.赞比亚　　　　　　　　B.阿尔吉利亚　　　　　C.埃塞俄比亚　　　　　D.博茨瓦纳

二、判断题（判断正误，正确的打"√"，错误的打"×"）

1.日晒处理法的优点是外观均匀，品质较高，操作过程简单，设备投资少，成本相对较低。（　　）

2.水洗处理法的咖啡豆味道和香气丰富多样，且滋味醇厚。（　　）

3.水洗处理法的缺点是设备成本较高，步骤复杂，容易对环境产生污染，发酵过程中咖啡豆容易沾染上发酵的馊味。（　　）

4.采摘没有成熟的豆子，哪怕只有一粒也会损坏咖啡最终的味道。（　　）

三、实践操作

品尝用日晒处理法和水洗处理法的咖啡豆制作的咖啡，记录两款咖啡在口味上的区别。

四、探究活动

关于咖啡起源的传说有很多版本，最广为流传的是以下两个版本。查阅这两个传说，完成表1-1-4。

表1-1-4　咖啡的起源

咖啡起源	传说故事描述	备注
"牧羊人"传说		
"阿拉伯僧侣"传说		

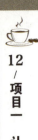
任务2　辨别咖啡生豆

【任务情景】

不久前，晓啡在某平台上看到一家人气非常高的咖啡厅，于是她带着好奇走进了这家咖啡厅，发现这家咖啡厅从进门开始就摆满了各种咖啡生豆，消费者可以根据自己的喜好挑选生豆进行烘焙并冲煮。面对咖啡厅里各种各样的咖啡生豆，晓啡该如何选择生豆、区分咖啡豆的品质呢？

【任务分析】

学习理论知识，观看相关的图片和视频，通过对咖啡豆的结构、分类，瑕疵豆的种类，咖啡生豆的鉴别方法等相关知识的学习，能区分咖啡豆的品质；通过手选咖啡豆，准确辨别瑕疵豆。

【知识准备】

一、咖啡豆的结构

咖啡果实中一般有两颗咖啡豆，形状为椭圆形，相对而生，如图1-2-1所示。坚硬的果皮、胶质的果肉，层层保护着种子，将包裹种子的外果皮、果肉、内果皮等去除，就是咖啡生豆。咖啡豆的结构如图1-2-2所示。

图1-2-1　咖啡果实

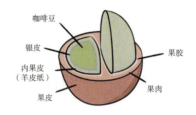

图1-2-2　咖啡豆的结构

二、咖啡豆的分类

咖啡豆的种类很多，分类方法更是多种多样，比如可以按照原种或原产地进行分类，如表1-2-1所示。

表 1-2-1　咖啡豆按照原种分类

原种名	原生品种	原产地及特征
阿拉比卡（Arabica）		埃塞俄比亚原生品种。约占世界总产量70%以上。栽培的区域有南美洲（阿根廷与巴西部分区域除外）、中美洲、非洲（肯尼亚、埃塞俄比亚等地，主要是东非诸国）、亚洲（包括中国、也门、印度、巴布亚新几内亚的部分区域）。多为风味、芳香俱佳，品质优良。但其对干燥、霜害、病虫害等的抵抗力过低，特别不耐咖啡的天敌——叶锈病，因而各生产国都在致力于品种改良，咖啡因含量1.5%左右
罗布斯塔（Robusta）		刚果原生品种。约占世界总产量25%左右。耐叶锈病，抗病力强，具有独特的香味（称为"罗布味"的异味，有些人认为是霉臭味）与苦味。栽培区域是印度尼西亚、越南，及以科特迪瓦、阿尔及利亚、安哥拉为中心的西非诸国，中国的海南也有栽种。多用于制造速溶咖啡，也被称作"商业豆"，咖啡因含量3.2%左右
利比里亚（Liberica）		利比里亚原生品种。约占世界总产量5%以内。豆粒大而苦味较强，质量不太好，生产量也少，不耐叶锈病，仅在西非部分国家（利比亚、科特迪瓦等）国内交易买卖

三、瑕疵豆

瑕疵豆指的是发育异常的豆子，或是在精制过程中受污染的豆子。生豆中若混入瑕疵豆，会影响咖啡的香气，冲泡品质也会低于不含瑕疵豆的咖啡。瑕疵豆对于咖啡味道的影响非常大，"瑕疵豆"仅仅是一个总称，其具体种类如表 1-2-2 所示。

表 1-2-2　瑕疵豆的种类

类别	实物图	类别	实物图
带壳豆		真菌感染豆	
全酸豆、局部酸豆		枯萎豆、畸形豆	

续表

类别	实物图	类别	实物图
未熟豆		贝壳豆	
虫蛀豆		全黑豆、局部黑豆	
破裂、破碎豆		果皮、豆壳	
浮豆、白豆		异物	

咖啡生产国在出口前，会按照品管流程，筛除严重瑕疵豆。先通过光学仪器（如图 1-2-3 所示）剔除异色豆，接着再用人工挑除瑕疵豆，以免瑕疵豆影响咖啡的品质。

图 1-2-3　咖啡豆光学仪器

四、咖啡生豆鉴别方法

优质生豆可以从以下几方面直接判断。

1. 颜色

因干燥程度不同，生豆的颜色会有很大差别。优质的生豆没有色斑、颜色均匀。随着时间的推移，生豆的颜色会逐渐由绿至黄到茶色发生变化。因此，绿色的是新鲜的优质豆，黄色及茶色的咖啡豆为1年及以上的咖啡豆，如图1-2-4所示。

图1-2-4　优质咖啡生豆

在以颜色来挑选生豆时也需要注意一些特别情况，例如，经日晒处理法的生豆，即使是当季新鲜生豆，也通常偏黄色；经蜜处理法的生豆则根据蜜处理过程不同，由黄到黑不等。

2. 大小

生豆颗粒的大小与味道没有直接的关系。但是，一般情况下由于生豆大小不一，在烘焙时会受热不均，从而造成烘焙的不均匀。因此，一般情况下要将咖啡生豆按照大小分类再分别烘焙，如图1-2-5所示。

3. 芳香

挑选含咖啡特有芳香、不带汽油等怪味的生豆。

4. 其他

挑选出石头、木片等异物，以及黑豆、霉豆、虫蛀豆、未成熟豆等不良的生豆，选择有光泽、颗粒饱满的生豆，如图1-2-6所示。

图1-2-5　烘焙均匀的咖啡豆　　　图1-2-6　颗粒饱满的咖啡豆

【任务实施】

辨别瑕疵豆。

1.任务准备

（1）器具及材料准备：云南咖啡生豆350 g、长方形托盘、盛装瑕疵豆的容器、咖啡围裙。

（2）小组准备：四人一组（一名吧台长、三名吧员）。

2.操作步骤

步骤1：取350 g云南咖啡生豆摊放在长方形托盘中，如图1-2-7所示。

步骤2：用双手食指与中指将托盘上的生豆均匀分成五等份，如图1-2-8所示。

图1-2-7　准备咖啡生豆　　　　　　　图1-2-8　均分咖啡豆

步骤3：目光从右向左移动以挑选咖啡豆，如图1-2-9所示。

步骤4：根据瑕疵豆的种类将瑕疵豆选出，如图1-2-10所示。

图1-2-9　从右往左挑选咖啡豆　　　　图1-2-10　挑选瑕疵豆

步骤5：不断重复同样的步骤，直至挑选出所有的瑕疵豆，如图1-2-11所示。

图1-2-11　瑕疵豆

【任务评价】

分小组将云南咖啡豆中的瑕疵豆选出，完成实训评价表1-2-3。

表1-2-3　手选咖啡豆实训评价表

评价项目	要点及标准	分值	小组评价	教师评价
工作人员实训准备（5分）	着符合咖啡师岗位要求的服装	1		
	不留长指甲	1		
	不佩戴夸张首饰	1		
	男生不留长发，耳发不过耳，刘海不过眉；女生不披发，可盘发或束发，刘海不过眉	1		
	面部保持洁净清爽	1		
器具准备（10分）	咖啡生豆350 g、长方形托盘、盛装瑕疵豆的容器、咖啡围裙	10		
技能操作（60分）	取适量的咖啡生豆放入长方形托盘	10		
	将托盘上的生豆均匀分五等份	10		
	目光从右向左，或从左向右移动	10		
	依据瑕疵豆的种类挑选出瑕疵豆	15		
	不断重复同样的步骤	15		
台面清洁（5分）	整洁、卫生的工作区域	5		
效果（20分）	云南生豆中无瑕疵豆	20		
总分（100分）	小组评价			
	教师评价			
实训反思				

练习与实践

一、单选题

1. 以下属于罗布斯塔种咖啡豆特点的是（　　）。

A. 呈椭圆形　　　　　　　　　　B. 中间线几乎呈直线

C. 较瘦长　　　　　　　　　　　D. 中间线部分呈S形

2.阿拉比卡种咖啡豆的产量占全球约（   ）。

A.70%   B.50%   C.20%   D.5%

3. 耶加雪菲产区属于（   ）。

A.埃塞俄比亚   B.肯尼亚   C.坦桑尼亚   D.哥伦比亚

4. 著名的蓝山咖啡产自（   ）。

A.巴西   B. 哥伦比亚   C.牙买加   D. 巴拿马

5.（   ）主要种植罗布斯塔种咖啡，用于制作速溶咖啡，故高质量咖啡极少。

A.越南   B.印尼   C.印度   D.中国

二、判断题（判断正误，正确的打"√"，错误的打"×"）

1.阿拉比卡咖啡树的原产地是埃塞俄比亚。（   ）

2.以赤道为中心，北纬25°至南纬25°之间是最适合咖啡生长的地带，被称为"咖啡带"。
（   ）

3.咖啡豆其实就是咖啡树的种子。（   ）

4.罗布斯塔种咖啡在口感上普遍优于阿拉比卡种咖啡。（   ）

5.世界咖啡三大产区是指非洲产区、亚洲产区、美洲产区。（   ）

6.巴西是世界第一大咖啡生产国。（   ）

7.印度尼西亚是世界第二大咖啡生产国。（   ）

三、实践操作

1.走访本地咖啡厅并观察其所用的咖啡豆，详细记录咖啡豆的产区、品种和特点，与同学分享。

2.在网上搜索人工采摘咖啡豆的比赛视频，了解从咖啡果实到咖啡豆的生产过程，认识到咖啡豆的珍贵，能珍惜劳动的成果，并将观看感受与同学分享。

四、探究活动

咖啡豆的商品名称几乎均来自产地地名、国家名或发货港口名称。通过网络查找资料，完成表1-2-4。

表1-2-4　咖啡豆按照原产地分类

咖啡豆名称	原产地	风味
云南		
巴西		
哥伦比亚		
危地马拉		
蓝山		
哥斯达黎加		
摩卡		
可娜		
曼特宁		
桑托斯		
麦德林		
墨西哥		

任务3　储存咖啡豆

【任务情景】

晓啡在市场上挑选咖啡豆时发现，咖啡豆的包装方式各式各样，然而并不是每一种都能有效地储存咖啡豆，都需要在购买后进行二次包装，才能最大程度地在有限的饮用期内保证咖啡豆的风味。如何根据咖啡豆的特性进行储存呢？让我们和晓啡一起去探索吧。

【任务分析】

学习理论知识，观看相关的图片和视频，通过对云南豆的种植、成分、影响风味因素及储存方式等相关知识的学习，掌握不同咖啡豆的储存方法与技巧；通过使用不同的密封容器储存咖啡豆的实践，明晰咖啡豆在不同方式下储存效果的不同，能够选择正确的储存方式以确保咖啡豆的最佳食用效果。

【知识准备】

一、云南咖啡种植分布

中国的咖啡豆主要产自云南省。云南省的西部和南部地处北纬15° 至北回归线之间，种植海拔在1 000 ~ 2 000 m，主要地形为山地、坡地，且土壤肥沃、地势起伏较大、日照充足、雨量丰富、昼夜温差大，加之滇北的山脉较多、海拔较高，能削弱北方南下的寒流，在一定程度上保护了咖啡树在冬季的生长。这些独特的自然条件使云南咖啡豆形成了浓而不苦、香而不烈、略带果味的独特风味。

二、云南咖啡豆的主要成分

咖啡的主要成分，如表 1-3-1 所示。

表 1-3-1 咖啡的主要成分

名称	作用
咖啡因	特别强烈的苦味，刺激中枢神经系统、心脏和呼吸系统。适量的咖啡因可以减轻肌肉疲劳，促进消化液分泌。由于它会促进肾脏机能，有利尿作用，因此有助于将人体内多余的钠离子排出体外。但摄入过多会导致咖啡因中毒
单宁酸	煮沸后的单宁酸会分解成焦梧酸，冲泡过久冷却后的咖啡味道会变差
脂肪	其中最主要的是酸性脂肪及挥发性脂肪。酸性脂肪即脂肪中的酸，其强弱会因咖啡种类不同而异。挥发性脂肪是咖啡香气的主要来源，它会散发出四十多种芳香物质
蛋白质	卡路里的主要来源，所占比例不高。在煮咖啡时，咖啡沫中的蛋白质多半不会溶解出来，所以摄取量有限
糖	咖啡生豆所含的糖分约8%，经过烘焙后大部分糖分会转化成焦糖，使咖啡形成褐色，并与单宁酸互相结合产生甜味
纤维	生豆的纤维烘焙后会炭化，与焦糖互相结合便形成咖啡的色调
矿物质	含有少量碳酸钙、铁质、磷、碳酸钠等

烘焙完成后咖啡主要成分的含量如图 1-3-1 所示。

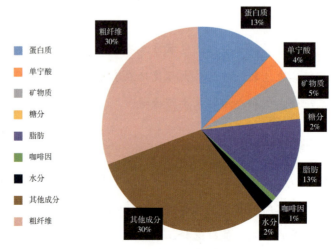

图 1-3-1 烘焙完成咖啡成分图

三、影响云南咖啡豆风味的因素

1. 氧化

咖啡豆一旦完成烘焙，就会与空气接触并产生氧化。氧化是影响咖啡风味的因素之一，减少咖啡豆与空气的接触，能一定程度地延长咖啡豆的新鲜度。

2. 挥发

咖啡的香味伴随着二氧化碳气体流失，烘焙后的咖啡豆在空气中长时间裸露，其香味随之降低，从而影响咖啡的风味。

3. 水解

新鲜咖啡豆有多种处理方式，水解的咖啡豆其咖啡风味会更加明亮，其酸味和果香会保存得较为浓厚，外观上也较为完整，能较好地保证咖啡豆的整体品质。

4. 光害

光线的直射会加速咖啡的氧化，破坏咖啡豆的品质，加速挥发咖啡豆的芳香物质，因此我们在选择咖啡豆的储存方式时，无论是密封袋还是密封罐，都要注意其遮光性能。

四、云南咖啡豆的储存方法

咖啡豆（粉）有四大天敌：温度、湿度、光线、氧气，无论我们在处理哪种咖啡豆时，都必须要考虑这四个因素，才能更好地储存咖啡豆。我们在购买的咖啡豆或者咖啡粉的包装上都能够看到其保质期，一般来说是 12～18 个月，虽然咖啡豆在这段时间里不会变质，但并不代表其味道不会发生变化。经过烘焙成熟后的咖啡豆有一个赏味期，在正确储存方式下，赏味期通常是在咖啡豆烘焙后的 1～2 个月，在这期间咖啡的风味层次较好。

1. 储存云南豆的环境

（1）氧气。

咖啡是一种脂肪含量较高的种子作物，在和氧气的接触中会发生化学反应，导致腐败发酸，慢慢地失去其香气和味道，咖啡油也会褪色。因此，储存咖啡豆时要选择没有空气进入的密封环境。

（2）光照。

阳光的温度会蒸发掉咖啡豆中的挥发性咖啡油。阳光的直射会加速咖啡豆香味的挥发，并且在高温多湿的环境下，咖啡豆会滋生霉菌，产生赭曲毒素，食用后对人体健康有负面影响，因此储存时要选择避光的环境。

（3）温度。

正常情况下，室温保存就可以满足咖啡豆的储存需求，但有许多咖啡爱好者会选用冷冻的方式来延长咖啡豆的保鲜期。冷冻保存咖啡豆并不是我们通常所理解的将咖啡豆放在冰箱里，而是将咖啡豆按照单次使用量进行独立分装，放进食品级的袋子或者容器中密封起来，抽真空或者抽真空后再充氮气效果更好，但这样的保存方式较为复杂，成本也较高。

（4）湿度。

无论是云南咖啡豆，还是世界其他国家的咖啡豆，在潮湿的环境中都更容易发生变质、产生霉味，加速咖啡风味的流失。因此，每次取用完咖啡豆后应当立即密封保存，同时，不建议放入冰箱。如果保存不好，冰箱的湿气会影响咖啡豆，咖啡豆也容易吸附冰箱的异味，对咖啡风味产生影响。

2. 云南豆储存的包装

（1）单向气阀的铝箔纸包装袋。

铝箔纸包装袋能够起到挡光、隔绝高温的效果，单向气阀能够阻挡外部空气进入包装袋中，同时也能将咖啡豆中多余的二氧化碳排出，如图 1-3-2 所示。

（2）单向气阀罐。

单向气阀罐与普通密封罐有所区别。普通密封罐在多次使用后，罐子顶部空间会有残存的空气，长时间存放会使咖啡豆氧化、酸败。而单向气阀罐与单向气阀的铝箔纸包装袋具有一样的工作原理，能较好地阻隔咖啡豆与氧气的接触，如图 1-3-3 所示。

图 1-3-2　单向气阀的铝箔纸包装袋

图 1-3-3　单向气阀罐

【任务实施】

使用不同的密封容器储存咖啡豆，并对比其储存效果。

1. 任务准备

（1）器具及材料准备：400 g 中度烘焙咖啡豆、单向气阀的铝箔纸包装袋、普通密封袋、单向气阀罐、普通密封罐。

（2）小组准备：四人一组（一名吧台长、三名吧员）。

2. 操作步骤

步骤 1：取 100 g 咖啡豆置于单向气阀的铝箔纸包装袋中，如图 1-3-4 所示。

步骤 2：取 100 g 咖啡豆置于普通密封袋中，如图 1-3-5 所示。

图 1-3-4 单向气阀的铝箔纸包装袋　　　　图 1-3-5 普通密封袋

步骤 3：取 100 g 咖啡豆置于单向气阀罐中，如图 1-3-6 所示。

步骤 4：取 100 g 咖啡豆置于普通玻璃密封罐中，如图 1-3-7 所示。

图 1-3-6 单向气阀罐　　　　图 1-3-7 普通玻璃密封罐

步骤 5：将四种储存包装放置在阴凉干燥处，一月后取出，并通过闻、看、剥来对比这四种密封容器中咖啡豆的保存效果。

【任务评价】

分小组进行咖啡豆储存方式实训，完成实训评价表 1-3-2。

表 1-3-2 咖啡豆储存方式实训评价表

评价项目	要点及标准	分值	小组评价	教师评价
工作人员实训准备（5分）	着符合咖啡师岗位要求的服装	1		
	不留长指甲	1		
	不佩戴夸张首饰	1		
	男生不留长发，耳发不过耳，刘海不过眉；女生不披发，可盘发或束发，刘海不过眉	1		
	面部保持洁净清爽	1		
器具准备（10分）	400 g 中度烘焙咖啡豆、单向气阀的铝箔纸包装袋、普通密封袋、单向气阀罐、普通密封罐	10		

评价项目		要点及标准	分值	小组评价	教师评价
技能操作（60分）	单向气阀铝箔纸包装袋	闻：咖啡香气较弱或有油腻味（说明咖啡豆不新鲜）	5		
		看：新鲜咖啡豆色泽均匀，轻咬生豆声音清脆	5		
		剥：新鲜咖啡豆容易剥开并声音清脆	5		
	普通密封袋	闻：咖啡香气较弱或有油腻味（说明咖啡豆不新鲜）	5		
		看：新鲜咖啡豆色泽均匀，轻咬生豆声音清脆	5		
		剥：新鲜咖啡豆容易剥开并声音清脆	5		
	单向气阀罐	闻：咖啡香气较弱或有油腻味（说明咖啡豆不新鲜）	5		
		看：新鲜咖啡豆色泽均匀，轻咬生豆声音清脆	5		
		剥：新鲜咖啡豆容易剥开并声音清脆	5		
	普通玻璃密封罐	闻：咖啡香气较弱或有油腻味（说明咖啡豆不新鲜）	5		
		看：新鲜咖啡豆色泽均匀，轻咬生豆声音清脆	5		
		剥：新鲜咖啡豆容易剥开并声音清脆	5		
台面清洁（5分）	整洁、卫生的工作区域		5		
效果（20分）	能恰当评价四种密封容器的储存特点及相应咖啡豆的保存效果		20		
总分（100分）	小组评价				
	教师评价				
实训反思					

练习与实践

一、单选题

1.被誉为"中国咖啡之都"的省份是（　　）。

A.海南省　　　　　　　　B.广西省　　　　　　　　C.云南省　　　　　　　　D.西双版纳傣族自治州

2.咖啡最佳赏味期通常在（　　）。

A.三个月　　　　　　　　B.四个月　　　　　　　　C.一个月　　　　　　　　D.五个月

3.咖啡传播的第一站（　　）。

A.也门　　　　　　　　　B.埃塞俄比亚　　　　　　C.巴基斯坦　　　　　　　D.巴西

二、多选题

1.影响咖啡豆储存的因素有（　　）。

A.温度　　　　　　　　　B.湿度　　　　　　　　　C.光线　　　　　　　　　D.氧气

2.储存咖啡豆的最佳包装有（　　）。

A.单向气阀的铝箔纸包装袋　　　　　　　B.普通密封袋

C.单向气阀罐　　　　　　　　　　　　　D.普通密封罐

3.咖啡豆的储存方法有（　　）。

A.单向气阀包装室温下　　　　　　　　　B.冷藏

C.分装冷冻　　　　　　　　　　　　　　D.高温

4.以下属于云南咖啡豆主要成分的有（　　）。

A.咖啡因　　　　　　　　B.蛋白质　　　　　　　　C.脂肪　　　　　　　　　D.单宁酸

三、实践操作

查询网络资料，进一步了解云南咖啡豆的生产过程及其风味特点，思考哪种储存方式能让云南咖啡豆的风味保存得更久。

四、探究活动

咖啡从被发现到传播至世界各地，经过了漫长的旅程，也深切地影响着中国人的生活方式。那么咖啡种植主要分布在世界的哪些地区呢？请根据下图（如图1-3-8所示）查询网络资料，梳理咖啡在亚洲的传播历程（表1-3-3）以及咖啡在云南的传播历程（表1-3-4）。

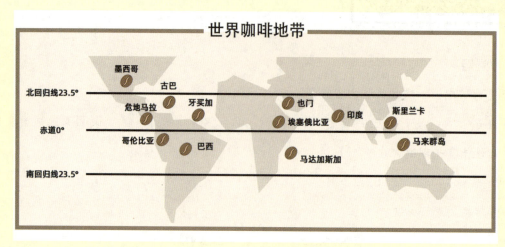

图 1-3-8　世界咖啡地带

表 1-3-3　咖啡在亚洲的传播

传播时间	传播历程
16世纪以前	
16世纪初	
1616年	
1699年	
1718年	
18世纪	

表 1-3-4　咖啡在云南的传播

传播时间	传播历程
19世纪80年代	
19世纪末20世纪初	
1951年	
1952年	
1988年	
1992年	
2014年	

项目二

烘焙咖啡豆

【项目引言】

制作咖啡从咖啡豆的烘焙开始，烘焙对于咖啡风味的呈现至关重要。本项目围绕烘焙咖啡豆展开，依托知识准备和实践训练来实施学习任务，使学习者具备烘焙咖啡豆、拼配咖啡豆、品鉴咖啡豆的相关知识与技能。

【项目目标】

1. 了解咖啡豆的烘焙器具。
2. 熟知咖啡豆的烘焙过程。
3. 能够识别咖啡豆的烘焙程度。
4. 掌握咖啡豆拼配原理和方法。
5. 能够使用杯测表对咖啡进行品鉴。
6. 通过学习和积累，提升咖啡豆的烘焙及搭配技能。
7. 在品鉴咖啡的过程中形成咖啡风味记忆库，促进自我提升。

任务1 咖啡豆的烘焙

【任务情景】

晓啡就职的咖啡厅为了确保所用咖啡豆的品质，决定自己烘豆，于是购置了一台咖啡烘焙机。经理安排晓啡跟着厂家的专业烘豆师学习，学成后来操作这台咖啡烘焙机，为咖啡厅提供品质稳定且优良的咖啡豆。但是咖啡厅的用豆种类很多，怎样才能将不同种类的生豆都烘焙成优良的咖啡豆呢？又该如何判断烘好的咖啡豆是否优良呢？

【任务分析】

学习理论知识，观看相关的图片和视频，通过对咖啡豆烘焙概念、咖啡烘焙器具、咖啡豆烘焙过程及烘焙程度分类等相关内容的学习，掌握咖啡豆的烘焙知识，知晓咖啡豆的烘焙程度对咖啡风味产生的影响；通过使用手网烘焙咖啡豆的实践，加深对咖啡豆烘焙过程的了解，掌握烘焙咖啡豆的具体方法。

【知识准备】

一、咖啡烘焙的概念

咖啡烘焙是指通过对生豆加热，促使咖啡豆内、外部发生一系列物理和化学反应，在此过程中生成咖啡的酸、苦、甘等多种味道，形成醇度和色调，并将生豆转化为深褐色原豆的过程，如图 2-1-1 所示。

图 2-1-1　咖啡烘焙

好的烘焙可以将生豆的个性发挥到极致并最大限度地减少缺陷味道的出现，反之，不当的烘焙则会完全毁掉好的豆子。由于咖啡豆在烘焙过程中的受热程度、时间及温度难以把控，烘焙的重要性就显得更加突出。

二、咖啡烘焙机的种类

如果将小型烘焙机按其热源构造进行区分，可分为直火式烘焙机、半热风式烘焙机、热风式烘焙机。

1. 直火式烘焙机

直火式烘焙机又称传导式烘焙机，是人们最早使用的咖啡豆烘焙工具。直火式烘焙机的滚筒下方就是燃烧器，将生豆放进有孔的滚筒中，再用明火与生豆直接接触，直至烘焙完成。这种烘焙机最大的特征就是锅炉表面的有孔设计，洞孔有一定大小和间隙，炉火可直接接触到豆表，如图 2-1-2 所示。

2. 半热风式烘焙机

半热风式烘焙机在构造上与直火式相同。但是，为了避免火苗直接

图 2-1-2　直火式烘焙机

接触到咖啡豆，半热风式烘焙机的圆筒形内锅与带有冲孔的铁板成为一体，利用燃烧器由内锅下方进行加热，同时从内锅的后方冲入热风。因其是直火式和热风式的折中型，所以称为半热风式烘焙机，如图2-1-3所示。

图2-1-3 半热风式咖啡烘焙机

3. 热风式烘焙机

热风式烘焙机另外设置燃烧室，与滚筒下方就是燃烧器的直火式烘焙机不同。热风从集尘管被送至滚筒的后方与侧面。在烘焙咖啡豆的过程中，主要是以热对流的传递方式进行热传递。这种烘焙方式可以满足一次性进行大量烘焙的需求，大型的烘焙工厂所使用的几乎都是这种热风式烘焙机，如图2-1-4所示。

不同的咖啡烘焙机各有所长，无法简单地比较哪一种更好。只要保证烘焙机烘焙室进气量与烟囱排气量的整体平衡，烘焙出的咖啡就不会产生过大的味道差异。

图2-1-4 热风式烘焙机

三、咖啡豆的烘焙过程

1. 第一阶段：脱水

此阶段的作用是脱去生豆中的水分，为后续烘焙阶段咖啡豆内发生的焦糖化反应、美拉德反应等诸多化学反应及物理变化做好准备。需要注意的是，生豆入锅后会发生吸热现象，造成炉温大幅下降。在烘焙时需要注意这一点，适当增加火力来避免炉内失温。

在此阶段中，生豆内部的水粉会蒸发。大概到135℃时，生豆由绿色开始发白。随着持续加热，生豆由绿色转为浅黄色，如图2-1-5所示。温度达到160℃左右时会散发出烘焙谷物的香气。

图2-1-5 转黄点

2. 第二阶段：转黄

在生豆的脱水步骤完成后，咖啡豆由绿变黄，生豆所特有的青草与泥土味消失，转而散发出烤面包的香气，同时豆体变得稍软。此时应当加大火力进行烘焙。如此操作的目的是为后续咖啡豆内发生的一系列化学反应（包括焦糖化反应、美拉德反应以及诸多芳香化合物的降解与聚合反应）制造热力学条件。

此阶段至一爆前，由于豆内水分大量蒸发，豆表会出现褶皱或黑色斑纹，此为正常现象，如图 2-1-6 所示。需要注意的是，催火的操作只应在烘焙的前期进行，并且要制造足够的热冲力。如果等到第三、第四阶段发现火力不够再补以大火，此时豆体已经变得非常脆，再受到高温的冲击则极有可能碳化变苦，徒增咖啡豆的烟熏焦苦之味。

图 2-1-6　一爆前

3. 第三阶段：一爆

在催火阶段，咖啡豆吸收了足够的热量，温度上升至焦糖化与美拉德反应的条件区间（一般在 170℃ ~ 205℃ 之间）。此时，咖啡豆细胞内的糖开始发生焦糖化反应，氨基酸与碳水化合物开始发生美拉德反应。这些反应制造出大量的产物——二氧化碳与水蒸气，可将细胞内的压强升至 20 ~ 25 倍大气压。当细胞壁逐渐无法承受如此高的压强时会破裂，将二氧化碳与水蒸气释放，同时发出爆裂声，这是第一次爆裂，即一爆，如图 2-1-7 所示。

需要注意的是，一爆是一个放热阶段。此时应当进行降火的操作，以避免炉内温度失控飙升。注意此处所说降火并非关火，而是通过减小火力的操作让烘焙机提供的热量与咖啡豆本身释放的热量相结合，来维持咖啡豆内发生的复杂化学反应所需温度条件。简而言之，就是让咖啡豆稳定"滑行"过一爆阶段。

图 2-1-7　一爆

4. 第四阶段：二爆

随着一爆的结束，继续加热会使咖啡豆继续吸热，当吸热到一定程度，迎来第二次爆裂，称为二爆。此时，豆子内部会发生更剧烈的反应，放出大量热量。

二爆的声音听起来较为密集且迅速，咖啡豆表面会被一层油脂覆盖，豆体继续膨胀，咖啡豆的重量继续减轻。二爆结束后的咖啡豆基本上已经变成中深度的咖啡色，如图 2-1-8 所示。

5. 第五阶段：出炉冷却

出炉冷却一般在二爆结束后不久进行，此时温度不宜超过 230℃，以免咖啡自燃发生火灾。需要注意的是，咖啡豆出炉瞬间仍处于烘焙的状态，因为其内部温度维持着化学反应的进行。所以，出炉后应当立即进行冷却来终止烘焙的进行。冷却效果将对最终出品咖啡豆的品质影响至深。如图2-1-9所示。

图2-1-8　二爆

图2-1-9　出炉冷却

四、咖啡的烘焙程度

相同的咖啡生豆，由于烘焙的时间不一样，会呈现不同的颜色。停止烘焙的最佳时间不同会造成咖啡豆的烘焙程度不同。一般将咖啡豆的烘焙程度分为八种：极浅烘焙、肉桂烘焙、中度烘焙、中深烘焙、城市烘焙、全城市烘焙、法式烘焙、意式烘焙。

1. 极浅烘焙

极浅烘焙是所有烘焙阶段中最浅的烘焙度，咖啡豆的表面呈淡淡的肉桂色，其口味和香味均不足，一般用于检验，很少用来品尝。按烘焙时间来说接近"一爆"，如图2-1-10所示。

2. 肉桂烘焙

外观上呈现肉桂色，臭青味已除，香味尚可，酸度强，咖啡味淡，市面上较少贩卖。按时间来说约在"一爆"中期，如图2-1-11所示。

图2-1-10　极浅烘焙

3. 中度烘焙

外观上呈现棕色，除了酸味外，苦味也出现了，口感不错。此时酸重于苦、醇度适中，又称美式烘焙。按烘焙时间来说已接近"一爆"结束，如图2-1-12所示。

图2-1-11　肉桂烘焙

图2-1-12　中度烘焙

4. 中深烘焙

属于中度微深烘焙，表面已出现少许浓茶色，苦味亦变强。咖啡味道酸中带苦，香气及风味皆佳，是市面上贩卖最多的烘焙豆方式。按烘焙时间来说相当于"一爆"已结束，此时咖啡豆出现皱褶，香味产生变化，如图 2-1-13 所示。

5. 城市烘焙

外观上呈现咖啡棕色，最标准的烘焙度，苦味和酸味达到平衡，使咖啡产生多层次感，让原本喜好中度烘焙的美国人改变口味，转而喜欢上它。按烘焙时间来说接近"二爆"，如图 2-1-14 所示。

图 2-1-13　中深烘焙　　　　图 2-1-14　城市烘焙

6. 全城市烘焙

外观上呈现深棕色，颜色变得相当深，表面出现油亮，苦味较酸味强，适合曼特宁、夏威夷可那等特征强烈的咖啡豆。按烘焙时间来说相当于"二爆"正好结束，如图 2-1-15 所示。

7. 法式烘焙

外观上呈现棕黑色，表面油亮，稍微泛出油脂，苦味强劲，苦味和浓郁度加深，用于蒸汽加压器煮的咖啡，适合奶油调制的欧式风格，如图 2-1-16 所示。

图 2-1-15　全城市烘焙　　　　图 2-1-16　法式烘焙

8. 意式烘焙

将咖啡豆烘焙到全黑，表面油光，接近焦化，此时只有苦味，味道单纯，有时带有烟熏味，适合果肉厚、酸味强的高地咖啡豆，如图 2-1-17 所示。虽然名为意式，但意大利式浓缩咖啡已多采用城市或全城市烘焙。

咖啡豆的烘焙

图 2-1-17　意式烘焙

【任务实施】

学习使用手网烘焙咖啡豆。

1. 任务准备

（1）器具及材料准备：咖啡生豆200 g、家用瓦斯炉、冷却用的风扇、冷却用的金属篓子、烘焙专用手网、粗布手套、咖啡围裙。

（2）小组准备：四人一组（一名吧台长、三名吧员）。小组在肉桂烘焙、中度烘焙、中深烘焙、意式烘焙四个烘焙程度中抽签。

2. 操作步骤

步骤1：取50 g咖啡生豆，将生豆放入手网中，小火加热，不断摇晃手网，使咖啡豆均匀受热，如图 2-1-18、图 2-1-19 所示。

图 2-1-18　放入咖啡生豆

图 2-1-19　小火加热

步骤2：当看到水分越来越少、豆子越来越白时，将手网稍微靠近炉火，看到有银皮脱落，如图 2-1-20 所示。

步骤3：继续晃动手网，颜色由黄色转为褐色，闻起来有青草味，加快晃动手网，如图 2-1-21 所示。

图 2-1-20　继续加热

图 2-1-21　加快晃动手网

步骤 4：豆子变成茶色，出现芳香的味道，即将进入一爆阶段，继续晃动手网，如图 2-1-22 所示。

步骤 5：发出"啪叽啪叽"零星爆的声音，一爆结束，马上吸热进入二爆阶段，如图 2-1-23 所示。

图 2-1-22　即将进入一爆阶段

图 2-1-23　继续吸热，即将进入二爆阶段

步骤 6：继续加热，豆子表面出现油脂，如图 2-1-24 所示。

步骤 7：烘焙结束，立刻冷却降温 3min，如图 2-1-25 所示。

图 2-1-24　继续加热，出现油脂

图 2-1-25　冷却降温

步骤 8：如果将豆子切开，看到豆子内外颜色相同，则表明烘焙成功，如图 2-1-26 所示。

图 2-1-26　豆子切开

【任务评价】

分小组使用手网将咖啡生豆进行中度烘焙，完成实训评价表 2-1-1。

表 2-1-1　手网烘焙咖啡豆实训评价表

评价项目	要点及标准	分值	小组评价	教师评价
工作人员实训准备（5分）	着符合咖啡师岗位要求的服装	1		
	不留长指甲	1		
	不佩戴夸张首饰	1		
	男生不留长发，耳发不过耳，刘海不过眉；女生不披发，可盘发或束发，刘海不过眉	1		
	面部保持洁净清爽	1		
器具准备（10分）	咖啡生豆200 g，家用瓦斯炉，冷却用的风扇，冷却用的金属篓子，烘焙专用手网，粗布手套，咖啡围裙	10		
技能操作（60分）	取适量的咖啡生豆放入手网中，小火加热，不断摇晃手网，使咖啡豆均匀受热	10		
	咖啡豆持续加热，水分减少，受热均匀	5		
	咖啡豆颜色由黄色转为褐色，闻起来有青草味，加快晃动手网	10		
技能操作（60分）	咖啡豆变成茶色，出现芳香的味道，即将进入一爆阶段，继续晃动手网	10		
	发出"啪叽啪叽"零星爆的声音，一爆结束，马上吸热进入二爆阶段	10		
	继续加热，咖啡豆表面出现油脂	5		
	烘焙结束，立刻冷却降温3min	5		
	将咖啡豆切开，观察豆子内外颜色	5		
台面清洁（5分）	整洁、卫生的工作区域	5		
效果（20分）	云南豆颜色均匀，豆子内外颜色一致，烘焙成功	20		
总分（100分）	小组评价			
	教师评价			
实训反思				

练习与实践

一、单选题

1.下列选项中,(   )烘焙最能够体现咖啡豆本身的风味。

A.深度　　　　　B.中深度　　　　　C.中度　　　　　D.浅度

2.蓝山咖啡产自(   )。

A.夏威夷　　　　B.哥斯达黎加　　　C.牙买加　　　　D.桑托斯

3.在烘焙过程中,温度越高,咖啡豆(   )。

A.越重　　　　　B.体积越小　　　　C.颜色越深　　　D.口味越酸

4.新鲜烘焙的咖啡豆在杯品中呈现出(   )。

A.诱人的果酸味　　　　　　　　B.新鲜咖啡特有的芳香

C.醇厚绵长的余韵　　　　　　　D.巧克力的香气

5.下列词语中,用于描述咖啡口味的是(   )。

A.涩　　　　　　B.酸　　　　　　　C.醇厚　　　　　D.平衡感

6.咖啡豆的烘焙程度取决于咖啡生豆的(   )。

A.大小　　　　　B.形状　　　　　　C.初加工方式　　D.特性

7.关于咖啡豆烘焙程度对风味的影响,下列说法正确的是(   )。

A.烘焙程度越深,口味越好

B.烘焙程度越浅,口味越好

C.适当的烘焙程度能够较好体现咖啡的风味

D.咖啡豆烘焙程度对风味影响不大

二、判断题(判断正误,正确的打"√",错误的打"×")

1.咖啡豆只有烘焙后才能出口到其他国家。(   )

2.品味咖啡时,舌尖对酸味最敏感。(   )

3.通常咖啡烘焙得越浅,咖啡口味越苦。(   )

4.咖啡是有机化合物。(   )

5.低因咖啡中不含有咖啡因。(   )

三、实践操作

1.走访本地咖啡厅,观察咖啡厅所用的咖啡烘焙机,并详细记录烘焙过程,与同学分享。

2.尝试在家烘焙自己喜欢的咖啡生豆，并将劳动成果与同学分享。

任务2　咖啡豆的拼配

【任务情景】

晓啡工作的咖啡厅来了一位客人，她点了一杯拿铁咖啡，经理说咖啡豆不多了，让晓啡去库房领一包咖啡拼配豆。晓啡产生了疑问：什么是咖啡拼配豆呢？拼配出的咖啡豆与之前的咖啡豆有什么区别呢？

【任务分析】

学习理论知识，观看相关的图片和视频，通过对单品咖啡豆、拼配咖啡豆概念，咖啡豆的拼配方法及原则等相关知识的学习，掌握咖啡豆拼配的原理；通过拼配咖啡豆，掌握咖啡豆拼配的方法，明晰不同拼配方式产生的不同咖啡风味与效果。

【知识准备】

一、单品咖啡豆与拼配咖啡豆

1. 单品咖啡豆

单品咖啡豆是单一品种或者单一产区出产的咖啡豆，在制作咖啡时不加奶或糖，通常也被称为"黑咖啡"，如图 2-2-1 所示。SOE（Single Origin Express）是当下较为流行的意式浓缩咖啡类型，单品豆通过中深度烘焙后可以用于制作 SOE 意式浓缩咖啡。

单品咖啡豆的一个重要特征就是可追溯源头。不同产区的咖啡豆，有其自身独特的风味。像蓝山、肯尼亚、哥伦比亚、耶加雪啡等都属于单品咖啡豆，每一种都因原产地的气候差异而形成特有的风味，有的偏甘，有的偏酸，有的偏苦，可以按照自己的喜好来选择不同产区的咖啡。

图 2-2-1　黑咖啡

2. 拼配咖啡豆

拼配咖啡豆，也称为混合咖啡豆、意式咖啡豆，如图 2-2-2 所示。就是将各种单品咖啡豆混合在一起，从而将各种单品咖啡豆的特长充分发挥，取长补短，做出更平衡的口感。

图 2-2-2　拼配咖啡豆

咖啡豆之所以要拼配，是因为有些咖啡豆没有特殊的风味、缺乏深度、不够力度或某种味道过于强烈。为了弥补这些不足，把数种具备不同特性的咖啡豆拼配起来，从而创造出调和而有深度的味道。例如，一种咖啡豆萃取出来的口感顺滑但缺乏香气，就可加入另一种香气丰富的豆，从而创造出一种更丰富的新口感的咖啡。在美国，阿拉比卡咖啡豆被用来拼配出最上乘的混合咖啡。在意大利，一些罗布斯特咖啡豆被添加到混合咖啡中，以增加其油脂、咖啡因以及咖啡风味的复杂性。

二、咖啡豆拼配的方法

拼配咖啡豆并不是单纯地将几种不同的咖啡豆混合在一起，而是根据单品咖啡豆的风味特点拼配出风味更加独特的混合咖啡豆风味。咖啡豆的拼配分为生拼和熟拼。

1. 生拼

将两种及以上不同产区、不同风味的单品咖啡生豆按照一定的比例进行混合后再烘焙，这种叫生拼，如图 2-2-3 所示。

2. 熟拼

熟拼，即烘焙后拼配，是将两种及以上的单品咖啡熟豆按照一定比例进行拼配，如图 2-2-4 所示。

图 2-2-3　生拼

图 2-2-4　熟拼

三、拼配的原则

在进行咖啡豆拼配时，不仅需要了解各种咖啡豆的风味特点、烘焙程度、拼配比例等，还要进行多次拼配尝试，才能拥有一款经典好喝的拼配咖啡。在拼配咖啡豆时，需要考虑拼配咖啡豆整体的风味、比例及平衡。

1. 风味

拼配时要使用各具特色的咖啡豆，避免使用风味相近的。

2. 比例

拼配时应注意咖啡豆种类的数量和比例。

3. 平衡

拼配时，要注意咖啡豆的酸甜平衡，不能都选择酸的风味或者甜的风味的豆子。

【任务实施】

拼配咖啡在行业中并没有固定标准，几乎每家咖啡馆都会为自己拼配出一款独有的咖啡，兼顾当地人能接受并喜欢的口味特点，同时又能兼顾成本。因此，拼配咖啡就是一家店的特色。一般来说，在咖啡厅使用熟拼，这样可以保证每种咖啡豆都以其最适合的烘焙方法进行处理，保证了最佳的口感和风味。请按照本书给出的配比方案，了解不同拼配咖啡豆的风味，并做好记录。常见的几种咖啡拼配如表2-2-1所示。

表2-2-1 常见的几种咖啡拼配

风味描述	配方
口味均衡的混合咖啡	危地马拉（30%）、墨西哥（30%）、巴西（20%）、乞力马扎罗（20%）
苦味为主的混合咖啡	曼特宁（40%）、哥伦比亚（30%）、巴西（20%）、乞力马扎罗（10%）
酸味为主的混合咖啡	乞力马扎罗（40%）、摩卡（20%）、巴西（20%）、科纳（20%）
香味为主的混合咖啡	危地马拉（40%）、乞力马扎罗（30%）、摩卡（30%）
浓郁厚重的混合咖啡	哥伦比亚（50%）、巴西（30%）、爪哇罗布斯塔（20%）

1. 任务准备

（1）器具及材料准备：拼配时使用的咖啡豆各100 g、磨豆机、盛装咖啡的容器、长方形托盘、杯测杯、控温壶（水壶）、咖啡围裙。

（2）小组准备：四人一组（一名吧台长、三名吧员）。

2. 操作步骤

步骤1：确定拼配豆的风味主题，小组讨论，选择拼配方案，挑选相应的咖啡豆，如图2-2-5所示。

步骤 2：根据方案配比，确定每种咖啡豆的数量，进行称量，如图 2-2-6 所示。

图 2-2-5　小组讨论，选择拼配方案

图 2-2-6　根据方案称量咖啡豆

步骤 3：将称量后的咖啡豆进行混合，如图 2-2-7 所示。

图 2-2-7　混合咖啡豆

步骤 4：研磨，杯测（此步骤教师指导），如图 2-2-8、图 2-2-9 所示。

图 2-2-8　研磨拼配豆

图 2-2-9　杯测拼配豆

步骤 5：小组讨论、分析、记录拼配豆的风味特点，如图 2-2-10 所示。

图 2-2-10　小组讨论并记录

【任务评价】

分小组进行咖啡豆的拼配练习，完成实训评价表 2-2-2。

表 2-2-2　咖啡豆的拼配实训评价表

评价项目	要点及标准	分值	小组评价	教师评价
工作人员实训准备（5分）	着符合咖啡师岗位要求的服装	1		
	不留长指甲	1		
	不佩戴夸张首饰	1		
	男生不留长发，耳发不过耳，刘海不过眉；女生不披发，可盘发或束发，刘海不过眉	1		
	面部保持洁净清爽	1		
器具准备（10分）	拼配时使用的咖啡豆各100 g、磨豆机、盛装咖啡的容器、长方形托盘、杯测杯、控温壶（水壶）、咖啡围裙	10		
技能操作（60分）	确定咖啡的拼配方案（确定主风味，拼配时使用的咖啡豆种类的数量以及比例）	15		
	按照拼配方案，称量相应比例的咖啡豆放入长方形托盘中	5		
	将托盘上的咖啡豆进行混合	5		
	准备杯测拼配豆	5		
	将拼配豆进行研磨	5		
	按杯测水温、水量注水	5		
	采用破渣、闻干湿香、啜吸等方式进行杯测品鉴	10		
	讨论记录拼配咖啡的风味特点	10		
台面清洁（5分）	整洁、卫生的工作区域	5		
效果（20分）	体现了所选方案咖啡的风味特点	20		
总分（100分）	小组评价			
	教师评价			
实训反思				

一、单选题

1.咖啡豆拼配的方法，分为生拼和（　　）两种。

A.熟拼　　　　　　　　B.混拼　　　　　　　　C.单拼　　　　　　　　D.多拼

2.单品咖啡豆是单一品种或者单一产区出产的咖啡豆，在制作咖啡时不加奶或糖，通常也被称为（　　）。

A.苦咖啡　　　　　　　B.甜咖啡　　　　　　　C.无糖咖啡　　　　　　D.黑咖啡

3.拼配的咖啡豆，应注意咖啡豆种类的（　　）和比例。

A.数量　　　　　　　　B.种类　　　　　　　　C.苦涩度　　　　　　　D.甜味

4.影响咖啡豆风味的因素多种，其中产地的因素有海拔、（　　）、降雨量、日照量、土壤成分等。

A.干净度　　　　　　　B.温度　　　　　　　　C.干燥度　　　　　　　D.烘焙度

5.咖啡豆在进行烘焙时，同一种豆子不同的烘焙程度会产生不同的风味。咖啡豆一般在烘焙后的（　　）风味最佳。

A.1～2天　　　　　　　B.2～3天　　　　　　　C.3～7天　　　　　　　D.7天以上

二、判断题（判断正误，正确的打"√"，错误的打"×"）

1.拼配的咖啡豆，要使用各具特色的咖啡豆，要使用风味相近的。（　　）

2.拼配的咖啡豆，在拼配时要注意酸甜平衡，不能都选择酸的风味或者甜的风味的豆子。（　　）

3.熟拼，即烘焙后拼配，是将两种及以上的单品咖啡熟豆按照一定比例进行拼配。（　　）

4.拼配咖啡豆也称为混合咖啡豆或意式咖啡豆。（　　）

三、实践操作

通过咖啡拼配的方法和技巧，拼配一款以巧克力、坚果风味为主的混合咖啡。

四、探究活动

探究同一款豆子不同烘焙程度的风味特点，完成表 2-2-3。

表 2-2-3　咖啡豆不同烘焙程度的风味特点

豆名	烘焙度	风味特点
	浅度烘焙	
	中度烘焙	
	深度烘焙	

任务3　咖啡的品鉴

【任务情景】

晓啡跟随师傅学习制作咖啡，咖啡入口唇齿回甘，让晓啡形容这味道，却又令她犯难了。咖啡的香味只可意会无法言传，如何用文字描述咖啡的味道呢？又如何运用专业的方法品鉴一杯咖啡呢？

【任务分析】

学习理论知识，观看相关的图片和视频，通过对 SCAA 咖啡杯测表的内容及使用方法、单品咖啡品鉴步骤等相关知识的学习，了解专业的咖啡品鉴方法；通过单品咖啡的杯测实践，掌握专业的咖啡品鉴技能。

【知识准备】

咖啡评分系统
SCA ＆感官分析

一、关于SCAA杯测表的使用

对初学者来说，如何去描述一杯咖啡，简单地概括就是将自己的感受讲出来。虽然"描述"这件事情很主观，每个人的观点都是基于自己的认知而表达出来的，但是品鉴咖啡却需要品鉴者客观、有据可循。然而，"味道"如此主观的东西，需要怎么做到客观表达呢？于是咖啡界中就有了不断完善健全的评价体系，这便是咖啡界中的 SCAA 杯测表（Specialty Coffee Association of America Coffee Cupping Form）（如图 2-3-1 所示），让品鉴咖啡变得更加客观，更加有据可循。

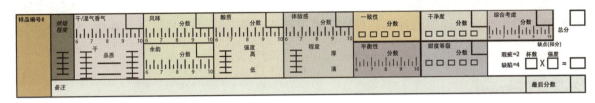

图 2-3-1　SCAA 杯测表

在咖啡行业中，有一种职业叫作"咖啡品质鉴定师"，通常也被称为"杯测师"。所谓的"杯测"，是指不经过任何冲煮技巧呈现咖啡豆的原始风味。杯测师利用杯测让咖啡归零到最原始的味道，进而借助 SCAA 杯测表找出可能影响咖啡味道的变因。

SCAA 咖啡杯测表从 6 分开始标注，一共分为四个级别：6 分为"好"；7 分为"非常好"；8 分为"优秀"；9 分为"超凡"。每个等级又分四个给分等级，给分单位是 0.25 分，所以四个等级共 16 个给分点。SCAA 咖啡杯测表中，水平标注代表"质量"的好坏，垂直标注代表"强、中、弱"的高低，仅"干香 / 湿香、酸、醇厚度"三栏涉及"强、中、弱"标记，但"强、中、弱"标记只供评审标注，无关分数。

SCAA 咖啡测评表测评的是咖啡的品质，何为"品质"呢？用一句话可以概括为"某一事物的优劣程度"。在杯测师的评测系统里有十种品质，每种品质代表咖啡一方面的表现，最终综合后就得到了咖啡的风味评测结果。如图 2-3-2、图 2-3-3、图 2-3-4 所示。

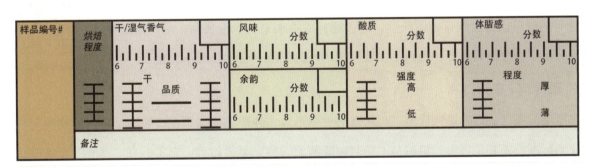

图 2-3-2　分项目评分

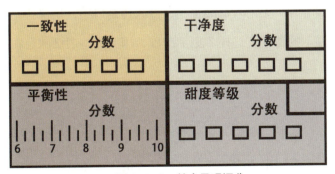

图 2-3-3　综合呈现评分

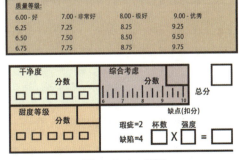

图 2-3-4　总评

1. 干香 / 湿香（Fragrance/Aroma）

咖啡的香气品质主要根据两种状态的香气来评判，一种是咖啡豆刚研磨成粉尚未接触到水时的"干香气"；另一种是咖啡粉用热水冲泡后散发出的"湿香"。杯测师在杯测过程中会记录详细的种类和程度，发现特殊的干香，可将其记录在香质（Qualities）栏中，热水冲泡后，浸泡 3 ~ 5min，再用杯测勺破渣，闻其湿香。

咖啡品鉴之四大香气

2. 风味（Flavor）

风味指的是水溶性滋味物和挥发性气味的混合，是咖啡中的酸性脂肪和挥发性脂肪共同产生的一项综合感知。风味品质主要测评的就是咖啡在口中同时作用于味觉和嗅觉的综合香味，不包含口感。杯测师在进行风味品质测评时，会使用专用的杯测勺进行啜吸，进而去感知咖啡所呈现的风味，此评分栏反映滋味与气味的强度、品质和丰富度。

咖啡品鉴之风味特征

3. 余韵（Aftertaste）

余韵是指将咖啡液完全吐掉或吞咽之后，留在口腔和喉咙的香气与触感。如果余韵出现令人不适的苦涩或其他杂味，此项分数会很低；相反，如果余韵充满回甘，层次分明，持久悠长，会给高分。风味好、香气好，余韵未必好；但风味差，余韵一定不好。

4. 酸质（Acidity）

酸质品质与酸的强度没有直接关系，过于强烈或尖锐的酸都会被列为低品质的酸，强度适当的酸可以增加咖啡的活跃性，是否拥有成熟水果的活泼果酸是测评酸质好坏的重要标准。评分时需注意，酸而不实或欠缺内涵的死酸、化学性酸不易得高分。

咖啡中的五大有机酸

5. 醇厚度（Body）

醇厚度品质是将口感单独评测，与味道的关联不大，纯粹是将咖啡在口腔中呈现出的浓稠度与触感作为评测标准，尤其是舌头、口腔与上颚对咖啡液的触感，不薄如水、充实、有"厚度"容易得高分。

6. 一致性（Uniformity）

一致性品质测评的是杯测同一样品的几杯咖啡时，无论入口的香气、滋味还是口感，均保持一致的稳定性。需要从咖啡在高温时一直测评到在室温下的温度，这样才更加准确，因为有些瑕疵味会在降温时才出现。

7. 平衡感（Balance）

平衡感品质的测评以前面四项品质——风味、余韵、酸质、醇厚度产生的综合效果为依据，测评咖啡味道从高温到低温的变化是否平衡。如果接近室温时出现尖酸或苦涩，或者某一项品质特别突出，则打破了平衡，不易获高分。

8. 干净度（Clean Cup）

干净度是指从尝第一口至最后一口的余韵，都没有令人不悦的杂味和口感。SCAA 杯测表的此项有 5 个小方格，表示要测 5 杯，哪一杯有不干净的味道出现，则在哪一杯对应的方格做标记并扣 2 分。

9. 甜度（Sweetness）

甜有两层含义，一是令人愉悦的圆润的甜感，二是先酸后甜的甜感。后者是碳水化合物和氨基酸在焦糖化和美拉德反应后的酸甜产物，并不单纯是糖的甜感，而是更接近于水果的酸甜感。

10. 总评（Overall）

此项给分相对主观，是对样品的香气、滋味和口感的综合评价。总分（Total Score）：将干香 / 湿香、风味、余韵、酸、醇厚度、一致性、平衡度、干净度、甜度测评的分数相加，即为总分。

缺点扣分：首先需确定是小瑕疵（Taint）还是大缺陷（Fault），小瑕疵指尚未入口的咖啡粉干香和湿香的瑕疵气味，虽然严重，但没严重到令人难以下咽。大缺陷指瑕疵味重到碍口。小瑕疵每杯扣 2 分；大瑕疵每杯扣 4 分。

扣分 = 缺点杯数 × 缺点强度。最终得分（Final Score）：总分减掉缺点栏分数，即为最终得分，最终得分高于 80 分，即为精品级。

二、品鉴单品咖啡的步骤

1. 闻干香气

俯身去嗅咖啡粉的干香气，尽量不要用手接触杯子。

2. 闻湿香

注水后，俯身去闻湿润的咖啡粉渣表面的湿香。

3. 品尝

由于大部分的香气风味物质在咖啡较热的时候容易挥发，而酸质、口感与平衡度在咖啡液体从热到凉会有变化，所以要在热、温和凉时都要品尝以做出综合的评判。

（1）高温：咖啡液体温度较高，喝适量液体，啜吸品尝，辨识咖啡样品的风味（Flavor）、余韵（Aftertaste）。

（2）中温：咖啡温度降低一些后第二次啜吸，辨识咖啡样品的酸（Acidity）、醇厚度（Body）和平衡度（Balance）。

（3）低温：咖啡液体降至接近室温，第三次啜吸，辨识咖啡样品的平衡度（Balance）

【任务实施】

使用杯测的方式品鉴单品咖啡。

1.任务准备

（1）器具准备：云南咖啡豆、磨豆机、杯测杯、电子秤、控温壶（水壶）、杯测勺、玻璃杯、计时器。

（2）小组准备：每小组 3 ~ 4 人，并做好器具以及个人清洁消毒工作。

2.操作步骤

步骤 1：使用磨豆机将咖啡豆研磨成粉后，先闻干香。杯测开始时，将咖啡豆研磨成粉，并按照每份 8.25 g 的标准分别装入 5 个杯测碗中，然后用盖子盖起来，等到杯测正式开始时打开，杯测师俯身去嗅咖啡粉的干香气，用 5 ~ 10 min 的时间品鉴干香气的品质，如图 2-3-5、图 2-3-6 所示。

图 2-3-5　咖啡豆研磨成粉，装入 5 个杯测碗中　　　　图 2-3-6　闻干香

步骤 2：注水后再闻湿香。将水烧开至 94℃，并用比较大的水流一次性将咖啡粉冲开并完全浸湿，此时咖啡粉会膨胀，萃取出咖啡。可先品鉴浸湿蒸煮状态下的咖啡香气，如图 2-3-7 所示。

图 2-3-7　萃取出咖啡

步骤 3：破渣时再闻一次香气。在刚开始注水时使用计时器倒计时 4 min，等待 4 min 后，使用杯测勺搅拌浮在水面的咖啡粉（如图 2-3-8 所示），称为"破渣"。然后将浮在水面的咖啡油脂跟剩余的残渣捞起，刚刚破渣的咖啡粉会因为浸湿水后变重而沉入杯底，杯测的萃取完成。此时，香气物质作用程度最为强烈，杯测师俯身闻咖啡的湿香（如图 2-3-9 所示）并记录下来。

图 2-3-8　将浮在水面的咖啡油脂跟剩余的残渣捞起　　　　图 2-3-9　闻湿香

步骤 4：啜吸并感受风味与香气。待咖啡凉至 70℃ 左右，则开始进行"风味"与"余韵"的品鉴。杯测师会用杯测勺捞出咖啡液，"啜吸"一口咖啡，如图 2-3-10 所示。同时，评测咖啡喝下去以后其所呈现的风味在嘴里的表现，以及将咖啡吐出来或完全吞咽后嘴里残留的香气。因为杯测师一次要品尝多种咖啡，通常测完之后并不会将咖啡喝下去，而是吐掉。

图 2-3-10　捞出咖啡液

步骤 5：咖啡温度下降后反复品鉴醇厚度。等待杯测的咖啡降至 40℃ ~ 50℃，温度略高于体温，在口腔内还可以感受温热，但是已经不烫口了，这时咖啡的"酸质"会更清晰地呈现在口腔里。当咖啡的温度降至低于体温以后，杯测师将开始测量咖啡的整体平衡性，检查咖啡有没有在温度下降的过程中丧失整体的平衡，如冷掉后味道突然变得偏酸。

此阶段杯测师会特别注意咖啡中是否有风味缺陷，如果 5 杯抽样样本味道一致，咖啡的甜度、一致性以及干净度即为满分 100 分；如果样本间有差异，杯测师就会标记差异样品，并且根据风味缺陷的程度扣分。

步骤 6：根据杯测感官填写完成 SCAA 杯测评分项目表（如图 2-3-11 所示），并对照咖啡风味轮对咖啡风味进行描述。

风味轮小提示

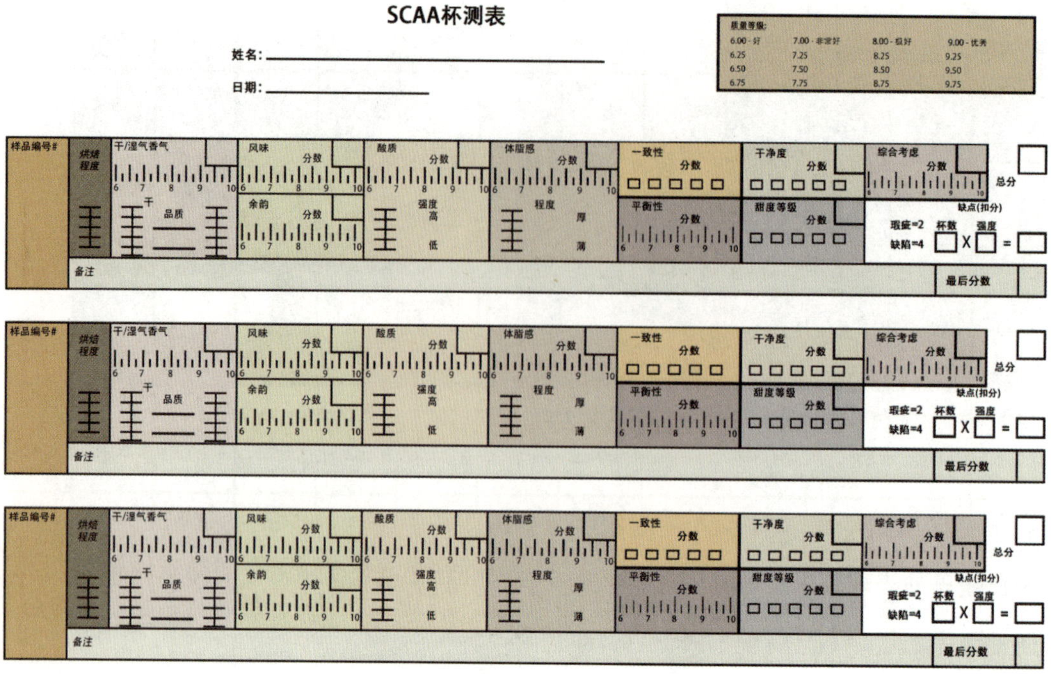

图 2-3-11　SCAA 杯测评分项目表

【任务评价】

分小组进行云南咖啡豆的杯测练习，完成评分表 2-3-1。

表 2-3-1　云南咖啡豆的杯测练习

评价项目	要点及标准	分值	小组评价	教师评价
工作人员实训准备（5分）	着符合咖啡师岗位要求的服装	1		
	不留长指甲	1		
	不佩戴夸张首饰	1		
	男生不留长发，耳发不过耳，刘海不过眉；女生不披发，可盘发或束发，刘海不过眉	1		
	面部保持洁净清爽	1		
器具准备（10分）	咖啡豆、磨豆机、杯测杯、电子秤、控温壶（水壶）、杯测勺、玻璃杯、计时器	10		
技能操作（60分）	取12 g云南咖啡豆	5		
	将咖啡豆进行研磨	5		
	将研磨的咖啡粉放入杯测碗，闻干香并记录	5		
	将水烧开至94℃，并用比较大的水流将咖啡粉一次性冲开，在开始注水时使用计时器倒计时4min	10		
	在等待4min过程中闻湿香，并记录	5		
	倒计时结束后，用杯测勺先破渣再捞渣	5		

评价项目	要点及标准	分值	小组评价	教师评价
技能操作（60分）	在咖啡液稍微降温后使用杯测勺啜吸咖啡，将杯测勺搁置在牙齿中间，找到着力点，两颊同时发力，迅速地啜吸咖啡液体	5		
	填写SCAA杯测评分表	10		
	对照咖啡风味轮填写出云南咖啡豆的风味	10		
台面清洁（5分）	整洁、卫生的工作区域	5		
效果（20分）	能通过SCAA杯测评分表和咖啡风味轮，恰当地评价云南咖啡豆的风味	20		
总分（100分）	小组评价			
	教师评价			
实训反思				

练习与实践

一、单选题

1.在进行咖啡杯测时，（　）品质将口感单独评测，与味道的关联并不大。

A.风味　　　　B.醇厚度　　　　　　C.一致性　　　　　　D.平衡感

2.在缺点扣分中，小瑕疵指尚未入口的咖啡粉（　）的瑕疵气味。

A.干香和湿香　B.干香和酸质　　　C.湿香和酸质　　　D.湿香和醇厚度

3.咖啡杯测时，从注水到破渣捞渣所需时间为（　）。

A.5min　　　B.4min　　　　C.3min　　　D.2min

二、判断题（判断正误，正确的打"√"，错误的打"×"）

1.咖啡中的咖啡因有利尿的作用，故可以大量饮用咖啡，利于排湿解毒。（　）

2. 咖啡风味轮的使用方法是先从内圈到外圈，再从外圈到内圈。（　）

三、实践操作

分小组对不同烘焙度的云南豆进行杯测，完成表 2-3-2。

表 2-3-2　三种烘焙程度的咖啡豆杯测表

烘焙程度	杯测表
浅度烘焙	样品编号# / 烘焙程度 / 干/湿气香气 6 7 8 9 10 / 风味 分数 6 7 8 9 10 / 酸质 分数 6 7 8 9 10 / 体脂感 分数 6 7 8 9 10 / 干 品质 / 余韵 分数 6 7 8 9 10 / 强度 高 低 / 程度 厚 薄 / 备注
中度烘焙	样品编号# / 烘焙程度 / 干/湿气香气 6 7 8 9 10 / 风味 分数 6 7 8 9 10 / 酸质 分数 6 7 8 9 10 / 体脂感 分数 6 7 8 9 10 / 干 品质 / 余韵 分数 6 7 8 9 10 / 强度 高 低 / 程度 厚 薄 / 备注
深度烘焙	样品编号# / 烘焙程度 / 干/湿气香气 6 7 8 9 10 / 风味 分数 6 7 8 9 10 / 酸质 分数 6 7 8 9 10 / 体脂感 分数 6 7 8 9 10 / 干 品质 / 余韵 分数 6 7 8 9 10 / 强度 高 低 / 程度 厚 薄 / 备注

项目三

单品咖啡

【项目引言】

咖啡如同中国的茶一样有着悠久的历史。虽然经过咖啡大师们的不断创新，充满时尚气息的咖啡新品不断涌现，但仍有一些单品咖啡以其独特的风味和文化，在历史和时代的更迭中被保留了下来，被人们誉为经典咖啡。本项目围绕单品咖啡，依托知识准备和实践训练来实施学习任务，使学习者具备咖啡萃取、咖啡豆的研磨，手冲壶、虹吸壶、法式滤压壶、冰滴壶、摩卡壶和土耳其壶的咖啡制作等单品咖啡的相关知识与技能。

【项目目标】

1. 了解不同产区单品咖啡豆的风味。

2. 能够描述不同咖啡器具的萃取特点。

3. 能够根据不同的咖啡器具正确研磨咖啡豆。

4. 掌握手冲壶制作单品咖啡的方法。

5. 掌握虹吸壶制作单品咖啡的方法。

6. 掌握法式滤压壶制作单品咖啡的方法。

7. 掌握摩卡壶制作单品咖啡的方法。

8. 掌握土耳其壶制作咖啡的方法。

9. 培养学生严谨规范、吃苦耐劳、精益求精的工匠精神。

10. 形成安全意识和规范意识，提升岗位职业素养。

任务1 认识单品咖啡

【任务情景】

晓啡在咖啡厅学习制作咖啡时，了解到单品咖啡已经成为当今的主流咖啡之一。不同产区的单品咖啡具有不同的风味特点，适用的咖啡器具也各不相同。作为咖啡师，该从哪些方面来品鉴使用不同产区的豆子做成的单品咖啡，并寻找其风味差异呢？

【任务分析】

学习理论知识，观看相关的图片和视频，通过对单品咖啡概念、单品咖啡豆种类、单品咖啡制作工具等相关知识的学习，了解不同产区咖啡豆的风味特点，知晓主流单品咖啡冲煮器具的名称、外形和特点；通过鉴别亚洲、美洲、非洲产区咖啡豆的实践，明晰不同产区咖啡豆的风味特点差异。

【知识准备】

一、单品咖啡的概念

单品咖啡（Single Origin Coffee）意为单一原产地的咖啡，具体可以指使用某个咖啡种植国的特定产区或者特定庄园产出的咖啡豆制作的咖啡。单品咖啡能更好地体现咖啡风味的纯粹性及其产地特点。为了品尝咖啡本身的风味和特点，饮用单品咖啡时一般不加奶或糖。单品咖啡具有强烈的口感特性，或清新柔和，或香醇顺滑。

通常单品豆属于精品咖啡的类别。由于坏豆、发霉豆、空壳豆等瑕疵豆会极大程度地破坏一杯单品咖啡的风味，故而单品豆在瑕疵豆的控制方面更为严格，单品咖啡的成本也因此普遍较高，价格比较贵。

二、单品咖啡豆的主要种类

如今市面上的单品咖啡豆品种繁多，如云南豆、曼特宁、耶加雪菲（科切尔）、西达摩、SL28、玛塞等，但细看精品咖啡包装上的豆标，你会发现它们都集中于世界三大咖啡产区：亚洲、美洲和非洲。因为这些地区的土壤肥沃、阳光充足、降水量适中，为咖啡树的生长提供了条件。

不同产区咖啡豆的风味信息表

不同的土质、气候条件以及树种赋予了咖啡豆不同的特色风味，但总的来说亚洲咖啡豆具有浓郁风味，非洲咖啡豆具有多层次酸质和明亮花香，美洲豆则是前两者的集合体，既有风味浓郁醇厚的咖啡豆，也有具有明亮果酸风味的咖啡豆。

三、单品咖啡的制作工具

单品咖啡的制作工具及特点，如表 3-1-2 所示。

表 3-1-2　单品咖啡的制作工具

名称	特点	图片
虹吸壶	虹吸壶的结构分为上壶、下壶、支架。支架的主要作用是稳固下壶；下壶为一个球体，便于其在加热时能够受热均匀；上壶呈圆柱状，底部添加收缩处理，再延伸出一条细长的玻璃导管，衔接处采用了胶圈处理，起着密封作用	
手冲壶	手冲壶是用于制作手冲咖啡的一种器具，其结构分为上壶和下壶。上壶按照漏孔来分，可分为单孔、双孔及多孔；按照形状分，可以分为圆锥形和扇形。下壶即分享壶。手冲壶在使用时还需要搭配滤纸和控温壶	
法式滤压壶	法式滤压壶，在1850年左右发明于法国，是一种由耐热玻璃身和带压杆的金属滤网组成的简单冲泡器具。起初多被用作冲泡红茶，因此也有人称之为冲茶器	
冰滴壶	冰滴壶，在19世纪发明于荷兰，其结构分上壶、中壶、下壶。上壶装冰块，溶化成水，滴入盛装咖啡粉的中壶，再由下壶承接萃取出的冰咖啡。使用冰滴壶制作出的咖啡，不仅最能体现咖啡原味，其萃取过程也极具观赏性	
土耳其咖啡壶	土耳其咖啡壶，在16世纪发明于土耳其，是最古老的咖啡冲煮器具。壶身通常由不锈钢，黄铜、铜或者陶瓷等导热性较好的材料制成，长手柄便于隔热，尖壶嘴便于倒出咖啡。土耳其咖啡壶的历史悠久，其壶身上通常雕刻有精美的花纹	

名称	特点	图片
摩卡壶	摩卡壶的使用方式是在壶内盛放热水，热水从下壶经过咖啡粉过滤出，香浓的咖啡留在上壶中，倒出来就是意式特浓。使用摩卡壶时需要格外注意安全，如果操作不当，容易被溢出的沸水烫伤。由于其粉碗和底座的大小是固定的，很难通过调整萃取参数来改变冲煮品质	
比利时皇家咖啡壶	比利时咖啡壶，属于传统的塞风壶。其原理跟虹吸壶类似，即利用空气压力，将液体由一个容器移到另一个容器中。但它的烧瓶和金属水壶分为左右两侧，从外表看，就像一个天平，中间以金属导管连接，观赏性强，是兼具摩卡壶的压力原理和虹吸原理的器具	
Chemex手冲壶	Chemex的外形是一个沙漏型的玻璃烧瓶，滤杯和咖啡壶连接为一体，使用时不需要再另备分享壶。通常Chemex都具有标志性的木制把手和皮质绳带，在使器具美观的同时也能起到隔热、防滑的作用	
聪明杯	聪明杯主要是以浸泡的方式萃取，器具标志是滤杯底部带有活塞阀。开水注入滤杯中后，水压会使活塞阀自动闭合，咖啡粉即在水中充分浸泡。浸泡完成后，将滤杯移置在分享壶上，滤杯底部受到挤压，活塞阀开启，咖啡液即缓慢流入杯中	

【任务实施】

在教师的指导下，尝试使用单品咖啡的冲煮方法，使用手冲壶和亚洲、美洲、非洲产区的咖啡豆冲煮咖啡，并鉴别其风味的差异。

1.任务准备

（1）器具准备：亚、美、非三大洲产区的咖啡豆各一份，磨豆机、咖啡杯、勺、手冲壶、咖啡围裙。

（2）小组准备：四人一组（一名咖啡师、三名品鉴员）。

2.操作步骤

步骤1：咖啡师使用磨豆机将三种咖啡豆研磨成粉，从三份咖啡研磨粉中选取一份记录下来，不要告诉三名品鉴员所用豆子的产地信息，如图3-1-1所示。

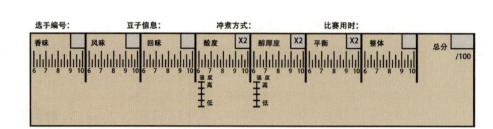

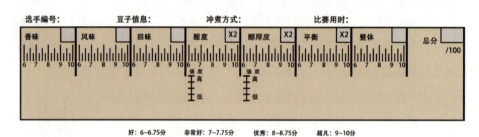

好: 6~6.75分　　非常好: 7~7.75分　　优秀: 8~8.75分　　超凡: 9~10分

图 3-1-1　咖啡品鉴信息记录

步骤 2：咖啡师用手冲壶对所选取的咖啡粉进行冲泡，如图 3-1-2 所示。

步骤 3：三名品鉴员对步骤 2 所冲泡的咖啡进行品鉴，记录下感受。这个步骤可以借助风味轮的使用，如图 3-1-3 所示。

图 3-1-2　冲泡咖啡

图 3-1-3　品鉴咖啡

步骤 4：重复前三个步骤，直至三份咖啡粉的风味品鉴感受都被记录下，如图 3-1-4 所示。

步骤 5：三名品鉴员对记录下的感受进行讨论，判断所喝的三杯咖啡的产地，如图 3-1-5 所示。

图 3-1-4　记录感受

图 3-1-5　讨论

步骤 6：咖啡师对答案进行揭晓，如图 3-1-6 所示。

步骤 7：小组对产地和风味特点进行总结和反思，如图 3-1-7 所示。

图 3-1-6　揭晓答案　　　　　　　　图 3-1-7　总结反思

【任务评价】

分小组品鉴三款单品咖啡，完成评价表 3-1-3。

表 3-1-3　单品咖啡评价表

特点描述		分值	咖啡1	咖啡2	咖啡3
评价要点	咖啡香气（干、湿香）	20			
	咖啡体脂感（厚实、黏稠、顺滑、圆润）	20			
	咖啡风味（滋味物的丰富程度）	20			
	咖啡的平衡度	20			
	其他（无化学物质、霉味等不愉悦风味）	20			
总分		100			
产地判断					
实训反思					

一、单选题

1. 咖啡产区主要分布在（　　）地区。

A. 温带　　　　　B. 寒带　　　　　　　C. 热带及亚热带　　　　　D. 温带及亚热带

2. 以下哪一项是亚洲国家的咖啡产区（　　）？

A. 云南　　　　　B. 巴拿马　　　　　　C. 巴西　　　　　　　　　D. 刚果

3.品鉴单品咖啡的第一个步骤是（　　）。

A.鉴赏咖啡粉的湿香　　　　　　B.鉴赏咖啡粉的干香

C.鉴赏咖啡入口滋味　　　　　　D.闭口回气鉴赏余韵

4.总体而言，非洲产区豆的风味可以用（　　）来描述。

A.风味平衡　　　　　　　　　　B.苦涩带有大麦茶香气

C.酸质明朗　　　　　　　　　　D.草本风味

二、判断题（判断正误，正确的请打"√"，错误的请打"×"）

1.曼特宁咖啡的香料调性、草本调性、水果调性并重，偏酸，口感清爽。（　　）

2.风味，纯粹是口腔触感的一种，尤其是舌头、口腔与上颚对咖啡液的触感。（　　）

三、实践操作

1.走访本地咖啡厅，了解售卖的单品咖啡和制作工具，详细记录并与同学分享。

2.在网上搜索了解更多的单品咖啡制作器皿，与同学分享你最感兴趣的一种器具。

任务2　咖啡的萃取技术

【任务情景】

　　晓啡前段时间学习了咖啡的基础知识，掌握了咖啡的起源、传播与发展，认识了不同产区咖啡豆的种植、采收；通过了解咖啡豆的加工与处理方式，学习了咖啡豆的筛选等知识，还品鉴了不同风味的精品咖啡。于是晓啡迫不及待地想自己制作一杯滋味物丰富的单品咖啡，为此她开始学习制作咖啡的技能，首先是咖啡的萃取技术。

【任务分析】

学习理论知识，观看相关的图片和视频，通过对咖啡萃取的概念、影响因素及方法等相关知识的学习，掌握咖啡萃取过程中存在的变量因素，识记不同单品咖啡的萃取方式及其优缺点。

【知识准备】

一、萃取的概念

在化学中，萃取是指从原料里提取有价值的物质。咖啡萃取实际上就是利用溶剂将咖啡中的可溶性风味物质提取出。在萃取的过程中，由于不同的风味物质溶解的速率不同，因此在萃取的不同阶段产生的主要风味不一样，咖啡液的浓度也会随之降低。

对一杯咖啡来说，它的风味可以大致分为三段：第一段为花香、果香等水果系香气，以及极易被溶解的酸性物质等小分子聚合物的香气。第二段为坚果、焦糖类中分子聚合物的香气和其他易溶物质，影响咖啡的醇厚度和甜味、顺滑度。此段风味最接近咖啡液的味道，但是其风味层次比较单薄，缺少第一段中咖啡天然的花果香。第三段为香料、树脂类大分子聚合物的香气和不易溶解的物质，此段是咖啡芳香气息中最深厚的部分。

二、萃取咖啡的影响因素及方法

咖啡的萃取率和浓度会受到许多因素的影响。在萃取咖啡时，虽然咖啡豆的品质已经无法改变，但是可以通过调整研磨度、水温、萃取方式等变量来科学地萃取咖啡，尽可能地得到一杯风味物质丰富的咖啡。

1. 研磨度

研磨度是冲煮咖啡时影响风味的最重要因素之一。在同一时间内，咖啡粉与水接触的表面积越大，萃取出来的可溶物质越多。研磨越粗，咖啡粉与水接触的表面越小，可萃取出的风味物质就越少；反之研磨越细，咖啡粉与水接触的表面积越大，可萃取出的风味物质就越多。

在制作咖啡时，我们一定要了解咖啡包装袋上烘焙师提供的咖啡豆风味、产区、海拔、处理方式、烘焙日期、建议研磨度和建议水温等信息。在实际操作中，应该参考其中的研磨度信息，还要根据实际条件做调整。如果萃取出的咖啡液味道较淡，风味不明显，可以将研磨度调细；如果萃取出的咖啡液味道较杂，甚至有苦味，那么可以将研磨度调粗。

2. 萃取时间

萃取时间指咖啡冲煮时水和咖啡粉接触的过程，其中有一些器具在萃取咖啡时还涵盖闷蒸的时间。时间对萃取的影响取决于何种萃取方式。如果是浸泡式萃取，那么在水和咖啡粉接触的过程中，添水越少，萃取出的物质也就越多，浓度就越高；如果是滴滤式萃取，那么萃取时间越长，通过的水越多，咖啡被稀释的程度越高，浓度就越低。

浓缩咖啡通常需要使用 9 bar[①] 压力在 25 s 时间内萃取出 30 mL 的咖啡浓缩液，压力迫使水流在短时间内快速通过咖啡粉层，这就需要更细的研磨度，来确保水更均匀地流过粉层，并且具有更多的表面积可用于风味物质的快速提取。

在使用法式滤压壶制作咖啡时，如图 3-2-1 所示，采用浸泡的方式进行萃取，需要的萃取时间更长，所以通常的做法是使用较粗的研磨度，以此来避免过度萃取产生苦味。

图 3-2-1　法压壶萃取

但这两个例子都是一般规则，无论哪种方式，都可以通过调整研磨度和萃取时间来达到最佳的组合，提高咖啡萃取率，获得咖啡中更多的滋味物。

3. 水温和水质

在制作单品咖啡时，中度烘焙的咖啡豆的理想制作水温为 80℃ ~ 96℃，这也是大多数风味化合物容易溶解在水中的温度。一般情况下，水温越高，萃取越快；水温越低，萃取时间越长。

一般情况下，制作单品咖啡的理想水温为 80℃ ~ 96℃，在实际制作咖啡过程中，只要能够萃取出咖啡的最佳风味，也可以根据咖啡豆的特性、处理方式、区域风味和个人喜好进行适当微调。

在制作咖啡时，一般通过以下指标来判断水质：水中的总溶解固体物质（Total Dissolved Solids，TDS）含量、矿物质成分和酸碱度。

水中的总溶解固体物质含量即为 TDS 值。以一升水为单位量，TDS 值越高，水中的可溶解物质越多，萃取率越低；TDS 值越低，水中的可溶解物质越少，萃取率越高。根据精品咖啡协会（Specialty Coffee Association，SCA）的研究，当水的 TDS 值在 75 ~ 250 mg/L 时，得到的咖啡萃取液较容易达到浓度和萃取率的理想值，咖啡风味较好。当水的 TDS 值低于 75 mg/L 时，容易出现过度萃取；当水的 TDS 值高于 250 mg/L 时，则容易出现萃取不足。

一般来说，水中含有多种矿物质，其中镁和钠有助于更多地萃取出咖啡中的化合物，从而获得更多的风味。镁会让咖啡液的味道偏甜，而钠会让咖啡液味道偏咸。这些化学物质在达到一定的限值时才会

① 此单位非法定计量单位，1 bar（巴）=0.1 Mpa。

对水的味道产生明显影响，可以根据 TDS 值来选择咖啡冲煮用水。

水的酸碱度用 pH 值表示，pH 值为 7 表示中性，越大于 7 碱性越强，越小于 7 酸性越强。酸性的水有一定的腐蚀性，但水的碱性越高，与咖啡中的酸性物质发生的酸碱反应越多，咖啡原本的味道也会随之发生改变。因此在制作咖啡时，不推荐使用 pH 值小于 6.5 或大于 9 的水。SCA 推荐冲煮咖啡用水的 pH 值介于 6.5 ~ 7.5 之间。

4. 粉层

平整的粉层是提高单品咖啡萃取率的重要因素之一。如果咖啡粉层堆积不均匀，水将不均匀地流过粉层，产生萃取不均衡的现象。浅的粉层会使水流快速通过，导致萃取不足；粉层厚的地方会使水和咖啡保持接触的时间过长，导致过度萃取。

此外，控水不稳定也会造成部分咖啡粉层没有被完全浸泡，导致萃取不均匀。当了解萃取的工作原理，让诸多变量得到平衡后，咖啡的萃取率就会提升，就能得到一杯风味物质丰富的咖啡。如图 3-2-2 所示。

尽量记下每次实操中的咖啡研磨度、萃取时间、水温以及可能影响萃取的其他因素。这样就可以在下一次轻松复制出一杯完美的咖啡，或者将其作为下一次萃取的基础。

图 3-2-2　均匀萃取

5. 萃取方式

即使是选用同一种咖啡豆，萃取方式不同，咖啡的风味也会产生差异，以下六种萃取方式可供参考。

（1）滤泡式萃取（如图 3-2-3 所示）。

滤泡式萃取是通过使咖啡粉在容器中与水浸泡，萃取出咖啡里的可溶滋味物的方法。根据研磨度、水温、萃取时间等因素的不同，可以萃取出不同口感的咖啡。

代表器具：爱乐压、法压壶、聪明杯等。

优点：携带方便，操作相对简单，便于萃取易溶物质。

缺点：总体的萃取效率较低，不易控制变量，易萃取出木质味等不愉悦的杂味。

图 3-2-3　滤泡式萃取

（2）煎煮式萃取（如图 3-2-4 所示）。

煎煮式萃取是通过使咖啡粉在容器中与水混合煮沸，萃取出咖啡里的可溶滋味物的方法。以土耳其咖啡为代表的煎煮式萃取一般取前三次沸腾产生的咖啡液，但在高温沸腾时会产生大量气泡，容易导致咖啡溢出。

代表器具：土耳其咖啡壶。

优点：具有悠久的文化历史，萃取过程极具异域风味，观赏性较高。萃取出的咖啡口感焦苦醇厚。

缺点：煎煮式萃取一般不过滤，咖啡液内会有残渣。煎煮式萃取经沸腾三次后容易煮出过萃的咖啡。

图 3-2-4 煎煮式萃取

（3）渗透式萃取（如图 3-2-5 所示）。

渗透式萃取是通过对装有咖啡粉的容器直接加热，利用蒸汽压力使热水渗透装有咖啡粉的粉碗，萃取出咖啡里的可溶滋味物的方法。

代表器具：摩卡壶。

优点：渗透式萃取出的咖啡口感浓郁，油脂丰富，最接近意式浓缩咖啡。

缺点：需要专门配置加热器具，使用时需要高度注意安全。

图 3-2-5 渗透式萃取

（4）滴滤式萃取（如图 3-2-6 所示）。

滴滤式萃取是将咖啡粉倒进滤杯并注水，水经过咖啡粉层，在被过滤之后滴落在杯中的萃取方法，简单来说就是一边萃取一边过滤，两者同时进行。滴滤式萃取的咖啡受研磨度、冲煮手法、水流大小、水温、滤纸等因素的影响较大，很难做到每次的冲煮过程都一样。滴滤式萃取在萃取过程中不断会有新的水经过咖啡粉层，咖啡在萃取的不同阶段会呈现出不同的风味，从而获得不同的咖啡口感和清晰的风味指向。

代表器具：手冲壶。

优点：通过参数和冲煮手法的调整，可以探索咖啡豆本身的丰富风味。

缺点：人为干扰因素较多，不易稳定出品。

图 3-2-6　滴滤式萃取

（5）真空过滤式萃取（如图 3-2-7 所示）。

真空过滤通常有上下两个玻璃壶，上壶装取咖啡粉，下壶装热水。其萃取原理是通过加热下方玻璃壶，利用壶内的气压变化，下壶的水往上与上壶的咖啡粉融合浸泡，萃取出咖啡里的可溶滋味物。真空过滤适合用于冲煮单品咖啡。

代表器具：虹吸壶、比利时壶等。

优点：咖啡味道口感浓郁、厚实且圆润。

缺点：操作难度系数偏高，容易出现过度萃取。

图 3-2-7　真空过滤式萃取

（6）加压浸润式萃取（如图 3-2-8 所示）。

加压浸润式萃取主要用于制作意式浓缩咖啡，其原理是利用高温、高压，使水对研磨好的咖啡粉进行萃取。

代表器具：意式咖啡机。

优点：搭配牛奶、水、糖浆等配料，可以调配出符合大众口味的传统意式咖啡。

缺点：使用的难度系数较大，需要经过专业培训后才能操作。

图 3-2-8　加压浸润式萃取

三、萃取如何影响咖啡的味道

咖啡中的物质并非都是以相同的速率被提取出来的，首先萃取出果味和酸味的物质，然后是甜味物质，最后是苦味物质。萃取不足的咖啡酸味较明显，过度萃取则味道偏苦，可以通过调整萃取方式来制作风味合适的咖啡。

四、最佳萃取率

萃取率即咖啡萃取物的质量与咖啡粉质量的比率，主要被用来衡量咖啡粉中有多少水溶性物质被萃取出来。美国精品咖啡协会 SCAA 建议的最佳萃取率为 18% ~ 22%，也被称为"黄金萃取率"或"金杯萃取"。低于 18% 为萃取不足，即好的风味没有被完全萃取出来；高于 22% 为过度萃取，即不好的风味被萃取出来。

五、控制萃取口感的方法

要从咖啡中获得最佳口感，需要准确地提取出咖啡中好的风味物质。萃取不足导致的咖啡味道过酸，可以通过尝试延长萃取时间或使用更细的研磨度来调整；过度萃取导致的咖啡味道苦涩，可以通过尝试缩短萃取时间或使用更粗的研磨度来改善。萃取不均则意味着咖啡粉的不同部分萃取速度不一致，导致咖啡同时出现萃取不足和过度萃取的情况。

在萃取中，还可以通过调整其他变量来弥补不太理想的因素。例如，若咖啡豆的存放时间过长，可以尝试更细的咖啡豆研磨度，以便更快地萃取，从而从不同的化合物中获得更好的味道。又如，深烘豆由于在高温中的时间更长，其中的风味物质更易溶于水，故深烘豆会比浅烘豆萃取得更快，如果使用更深烘焙度的豆子，就需要相应使用更粗的研磨度。

一、单选题

1.美国精品咖啡协会SCAA建议的最佳萃取率为（　　）。

A.10%～20%　　　　B.15%～22%　　　　C.18%～22%　　　　D.20%～30%

2.萃取出来的咖啡口感浓郁，带有油脂层，最接近意式浓缩咖啡的咖啡器具是（　　）。

A.法压壶　　　　B.摩卡壶　　　　C.虹吸壶　　　　D.滴滤壶

3.虹吸壶萃取的方式是（　　）。

A.真空过滤　　　　B.浸泡式萃取　　　　C.加压萃取　　　　D.滴滤式萃取

4.将容器内的咖啡粉及水混合后进行煮沸的方法是（　　）。

A.煎煮式萃取　　　　B.浸泡式萃取　　　　C.加压萃取　　　　D.滴滤式萃取

5.制作咖啡的"理想"水温为（　　）。

A.60℃～76℃　　　　B.76℃～80℃　　　　C.80℃～96℃　　　　D.96℃～100℃

6.手冲器具萃取的方式是（　　）。

A.真空过滤　　　　B.滤泡式萃取　　　　C.煎煮式萃取　　　　D.滴滤式萃取

二、判断题（判断正误，正确的打"√"，错误的打"×"）

1.水的温度越高，萃取就越快；如果水太凉，萃取时间会更长。（　　）

2.手冲有多种萃取器具，会以不同的方法进行萃取，但萃取原理都是以滴滤方式进行，同时也会因研磨度、手法、水温、滤纸的不同，而使咖啡风味产生变化。（　　）

3.滴滤萃取是将咖啡粉倒进滤杯再注入热水，再用分享壶承接滴滤出的萃取液的简单方法。（　　）

4.在浸泡式萃取的过程中咖啡浓度一直在增加，滴漏式萃取过程中随着水的注入，咖啡浓度则会缓缓下降。（　　）

5.细研磨度会让咖啡粉更紧凑，这意味着水在咖啡粉之间流动的空间更小。对于手冲和滴滤式咖啡，这会缩短萃取时间。（　　）

任务3 咖啡豆的研磨

【任务情景】

晓啡学习了咖啡萃取的相关知识后，发现咖啡豆的研磨也极具技术性挑战。如何研磨咖啡豆，咖啡豆要研制成何种粗细的咖啡粉，这一切都让晓啡感到好奇，于是她利用下班时间主动对咖啡豆的研磨知识进行学习。

【任务分析】

学习理论知识，观看相关的图片和视频，通过对咖啡豆的研磨度分类、影响研磨度的因素等相关知识的学习，了解咖啡豆的研磨对咖啡风味的影响；通过咖啡粉的研磨实践，观察不同研磨度的咖啡粉的特点。

【知识准备】

研磨对于咖啡萃取至关重要。研磨度直接影响咖啡的萃取时间和萃取率。在咖啡豆和萃取器具一致的情况下，咖啡研磨得越细，粉层就越密实，咖啡粉颗粒与热水的接触面越多，萃取阻力加大，萃取时间延长，萃取率提高，但容易出现过度萃取。反之，咖啡研磨得越粗，粉层间隙越大，咖啡粉颗粒与热水的接触面就越少，萃取阻力变小，萃取时间减少，萃取率降低，容易出现萃取不足。

咖啡豆一旦研磨太细，水与咖啡粉的表面接触过多，就会萃取出太多令人不愉悦的杂味；但若是磨得太粗，咖啡里的滋味物则不易被萃取出，冲泡出的咖啡就没有足够的芳香物。所以，根据冲煮咖啡的器具和冲泡时间长短来调整适合的研磨度很重要。

一、研磨度的分类

根据制作咖啡的不同，在冲煮咖啡时需要使用不同研磨程度的咖啡粉。研磨度主要分为三种：细研磨（包括极细研磨、细研磨），研磨出的咖啡粒直径约为 0.5 mm；中研磨（包括中细研磨、中度研磨、中粗研磨），研磨出的咖啡粒直径为 0.5 ~ 1 mm；粗研磨（包括粗研磨、极粗研磨），研磨出的咖啡粒直径约为 1 mm。如图 3-3-1 所示。

细研磨　　　　　中研磨　　　　　粗研磨

图 3-3-1　细、中、粗研磨度的咖啡粉

二、影响咖啡粉研磨度的因素

1.制作咖啡所用的器具

在使用不同的器具冲煮咖啡时，需要的咖啡豆研磨度也不同。研磨度建议适用于制作咖啡的普遍情况，但在制作咖啡时，采用的研磨度也可以根据咖啡豆的具体情况和个人喜好进行适当微调。使用的咖啡粉由细到粗的是土耳其壶、意式咖啡机、摩卡壶、手冲壶、虹吸壶、法压壶、冷萃壶等器具。

（1）极细研磨（面粉状）。

代表器具为土耳其咖啡壶。土耳其咖啡是最古老的咖啡。因为在饮用土耳其咖啡时不需要过滤咖啡渣，所以咖啡粉磨得越细越好，外观呈面粉状，做出的咖啡口感醇厚黏稠。如图3-3-2所示。

（2）细研磨（盐状）。

代表器具为意式咖啡机。意式咖啡机的原理是以高温高压的方式，让蒸汽和水通过咖啡粉萃取出咖啡。因此咖啡粉需要呈盐状，并被均匀夯压为一块平整紧密的粉饼，这样咖啡粉才能承受水压，从而萃取出滋味丰富的咖啡来。如图3-3-3所示。

图3-3-2　使用极细研磨的土耳其咖啡壶

图3-3-3　使用细研磨的意式咖啡机

（3）中细研磨（白细砂糖状）。

代表器具为摩卡壶、爱乐压。摩卡壶的原理是以高温蒸汽萃取咖啡。萃取咖啡时，随着壶内温度升高、压力增加，下方的水最先被加热，转化为蒸汽，同时在内部产生压力接触咖啡粉，所以中细研磨度的咖啡粉，更能与水流和蒸汽充分接触，从而制作出味道浓郁、口感醇厚的意式浓缩咖啡。如图3-3-4所示。

图3-3-4　使用中细研磨的摩卡壶

爱乐压的萃取方式结合了单品咖啡的浸泡和意式咖啡的加压。通过改变咖啡研磨度、控压速度和压力大小，可以萃取出不同风味的咖啡。如图 3-3-5 所示。

图 3-3-5　使用中细研磨的爱乐压

（4）中度研磨（白砂糖状）。

代表器具为手冲壶、虹吸壶。手冲壶对于咖啡粉研磨度的包容度较高，可以根据想要的咖啡口味来调整研磨度。一般而言，中度研磨度的咖啡粉更能被水流充分浸泡，从而萃取出滋味丰富的咖啡。如图 3-3-6 所示。

虹吸壶利用气压差进行咖啡萃取，同手冲壶有相似的浸泡方式，所以一般也会采用中度研磨度的咖啡粉，也可以根据个人口味进行适当微调，但都不能研磨得太粗或太细。如图 3-3-7 所示。

图 3-3-6　使用中度研磨的手冲壶　　　图 3-3-7　使用中度研磨的虹吸壶

（5）中粗研磨（中粗砂糖装）。

代表器具为 Chemex 手冲壶。Chemex 采用滴滤和浸泡的方式萃取咖啡，其下水孔虽然很大，但由于 Chemex 专用的滤纸较厚，加上其玻璃壁面非常光滑，滤纸与玻璃贴合密实，使得 Chemex 下水非常缓慢。使用太细的咖啡粉容易导致咖啡流速缓慢、萃取过度，所以中粗研磨度的咖啡粉有利于 Chemex 萃取出优质咖啡。如图 3-3-8 所示。

图 3-3-8　使用中粗研磨的 Chemex 手冲壶

（6）粗研磨（海盐状）。

代表器具为法压壶。法压壶采用浸泡式过滤法进行萃取，粗研磨可以使萃取出的咖啡油脂与芳香物质顺利通过滤网，同时防止咖啡渣从滤孔中穿过。如图3-3-9所示。

图3-3-9 使用粗研磨的法压壶

（7）极粗研磨（面包屑状）。

代表器具为冷萃壶、冰滴壶。使用冷萃壶需要将咖啡粉放入冷水中长时间地低温浸泡。极粗研磨度的咖啡粉能够在长期浸泡中较好地萃取出滋味物，而不会过度萃取。这样制作出来的咖啡浓度较低，口感柔和顺滑。如图3-3-10所示。

冰滴壶是使用冰水、冷水或冰块以滴滤的方式萃取咖啡。冰滴壶的萃取过程十分缓慢，较粗研磨度的咖啡粉能较好适应萃取时缓慢的滴滤过程。使用冰滴壶萃取出的咖啡液由于咖啡豆烘焙程度、研磨度，以及水量、水温、水滴速度等因素的不同呈现出不同的风味。如图3-3-11所示。

图3-3-10 使用极粗研磨的冷萃壶　　图3-3-11 使用极粗研磨的冰滴壶

2. 咖啡豆的烘焙程度

咖啡的烘焙对研磨度的要求：深度烘焙的咖啡豆需要较粗的研磨度，浅度烘焙需要较细的研磨度，这样便于在制作时萃取出咖啡的风味。一般来说，深度烘焙的咖啡豆比浅度烘焙的咖啡豆的苦味要更明显，若是研磨度太细，苦味就会再加重一些。想要控制好咖啡的风味，就需要使用最合适的研磨度。

3. 咖啡风味目标

在使用同一种烘焙程度的咖啡豆以及在同一冲煮条件下，咖啡的最终风味与咖啡粉的研磨粗细有关。一般情况下，咖啡粉磨得越粗，酸味会越明显；咖啡粉磨得越细，苦味会越明显。粉末过细，咖啡的萃取率降低，而水的渗透速率过慢也极易导致过度萃取，影响风味；粉末过粗，水渗透速度过快，极易导致萃取不足，使咖啡味道单薄。

在出品咖啡时，需要根据风味目标和个人喜好等因素对研磨度进行调整。使用的研磨机还要勤于保养，定期拆下刀盘，清除里面的油垢；定期更换刀盘，以确保咖啡风味稳定。

【任务实施】

研磨不同粗细程度的咖啡粉。

1. 任务准备

（1）器具及材料准备：咖啡豆一袋、磨豆机、电子秤、咖啡勺、盛装咖啡粉容器、咖啡围裙。

（2）小组准备：四人一组（一名吧台长、三名吧员）。

2. 操作步骤

步骤 1：检查磨豆机是否干净、整洁、并插上电源。

步骤 2：以小组为单位，用磨豆机进行细研磨，磨出 18 g 咖啡粉（盐状），如图 3-3-12 所示。

步骤 3：用磨豆机进行中细研磨，磨出 18 g 咖啡粉（白细砂糖状），如图 3-3-13 所示。

图 3-3-12　细研磨的咖啡粉　　　图 3-3-13　中细研磨的咖啡粉

步骤 4：用磨豆机进行中度研磨，磨出 18 g 咖啡粉（白砂糖状），如图 3-3-14 所示。

步骤 5：用磨豆机进行中粗研磨，磨出 18 g 咖啡粉（中粗砂糖状），如图 3-3-15 所示。

图 3-3-14　中度研磨的咖啡粉　　　图 3-3-15　中粗研磨的咖啡粉

步骤 6：用磨豆机进行粗研磨，磨出 18 g 咖啡粉（海盐状），如图 3-3-16 所示。

图 3-3-16　粗研磨的咖啡粉

步骤 7：比较和检查磨出的五份粉是否符合各自对应的研磨度，用手感知各种粉的粗细感。

步骤 8：磨豆完毕，对磨豆机进行清洁、整理。

【任务评价】

分小组进行咖啡豆的研磨，完成实训评价表 3-1-1。

表 3-1-1　研磨咖啡粉实训评价表

评价项目	要点及标准	分值	小组评价	教师评价
工作人员实训准备（5分）	着符合咖啡师岗位要求的服装	1		
	不留长指甲	1		
	不佩戴夸张首饰	1		
	男生不留长发，耳发不过耳，刘海不过眉；女生不披发，可盘发或束发，刘海不过眉	1		
	面部保持洁净清爽	1		
器具准备（10分）	咖啡豆一袋、磨豆机、电子秤、咖啡勺、盛装咖啡粉容器、咖啡围裙	10		
技能操作（60分）	使用磨豆机，磨出18 g极细研磨的咖啡粉	12		
	使用磨豆机，磨出18 g细研磨的咖啡粉	12		
	使用磨豆机，磨出18 g中细研磨的咖啡粉	12		
	使用磨豆机，磨出18 g中度研磨的咖啡粉	12		
	使用磨豆机，磨出18 g中粗研磨的咖啡粉	12		
台面清洁（5分）	整洁、卫生的工作区域	5		
效果（20分）	磨出的咖啡粉符合对应的研磨度	20		

续表

评价项目		要点及标准	分值	小组评价	教师评价
总分（100分）	小组评价				
	教师评价				
实训反思					

练习与实践

一、单选题

1. 咖啡粉研磨度大致可以分为（　　）。

A. 2个等级　　　　　　B. 3个等级　　　　　　C. 4个等级　　　　　　D. 5个等级

2. 极细研磨的咖啡粉适合的冲泡器具是（　　）。

A. 土耳其壶　　　　　　B. 意式咖啡机　　　　　C. 爱乐压　　　　　　　D. 虹吸壶

3. 意式浓缩咖啡使用的咖啡粉，最佳的粗细为（　　）。

A. 0.3～0.5 mm　　　　B. 0.6～0.8 mm　　　　C. 1～1.2 mm　　　　　D. 1.5 mm以上

二、判断题（判断正误，正确的打"√"，错误的打"×"）

1. 咖啡豆经过研磨之后成为粉状，粉粒粗细分布情形与咖啡饮品的品质没有多大的关系。（　　）

2. 咖啡豆的研磨时机是冲泡咖啡前，咖啡豆磨成粉状后其表面积增加而吸收湿气，容易氧化。
（　　）

3. 手冲时水流不稳定导致水积在滤杯上浸泡咖啡粉，从而使咖啡萃取过度。（　　）

4. 制作咖啡时，根据咖啡豆的密度和烘焙程度不同，研磨时使用的磨豆机刻度也不同。（　　）

三、实践操作

以小组为单位进行磨粉训练，熟练掌握磨豆机的使用方法，精确掌握各研磨度的磨粉技巧，互相评价并进行经验分享。

任务4　手冲壶制作咖啡

【任务情景】

基于对咖啡基础知识的学习和扎实掌握，晓啡对单品咖啡的制作开始了新一轮的探索。晓啡了解到手冲壶和滤杯是最常见的单品咖啡冲煮器具之一，虽然其使用的步骤并不复杂，但是想要通过手冲壶和滤杯制作一杯滋味物丰富的咖啡却很难。晓啡迫不及待地想掌握使用手冲壶制作咖啡的方法与技巧。

【任务分析】

学习理论知识，观看相关的图片和视频，通过对手冲咖啡的起源、器具、萃取原理及冲煮关键等知识的学习，了解使用手冲器具的组成和冲煮方法；通过使用手冲壶制作单品咖啡的冲煮实践，掌握使用手冲壶制作咖啡的技巧，并按要求做好手冲壶的清洗与保养。

【知识准备】

一、手冲咖啡的起源

手冲咖啡，即手工冲泡的咖啡，如图3-4-1所示。这种冲泡方式最早是由德国的梅丽塔·本茨于20世纪初发明。当时她在家中准备做咖啡，突发奇想用儿子的吸墨纸当作滤纸，在滤纸里放入咖啡粉，并用水壶将热水注入其中，对咖啡粉进行冲泡，从而萃取出了一杯味道不同往常的咖啡。

图3-4-1　手冲咖啡

手冲壶的基础知识

二、手冲咖啡器具

手冲过滤式咖啡所使用的一整套器具包括：滤杯、滤纸、分享壶、手冲壶、电子温度计、带计时功能的电子秤、磨豆机。

1.滤杯

滤杯的形状大致可以分为锥形、梯形（扇形）、平底三类。

（1）锥形滤杯。

锥形滤杯（如图3-4-2所示）通常流速较快，水会通过冲刷的方式将咖啡萃取出来。由于杯壁与底部呈一定角度，使得粉层主要集中在中间部分，更利于萃取。

图3-4-2　锥形滤杯

（2）梯形滤杯。

梯形滤杯也叫扇形滤杯（如图3-4-3所示），虽然有单孔和三孔设计，但整体特点是滤孔较小，总体流速要比锥形滤杯慢，适合慢速萃取，冲泡出来的咖啡味道更为厚实。

图3-4-3　梯形滤杯

（3）平底滤杯。

平底滤杯是各项都比较均衡的滤杯，它的构造可以使咖啡粉在滤杯中铺开，从而被均匀地萃取，这样的滤杯流速较慢，容易萃取过度，如图3-4-4所示。

图3-4-4　平底滤杯

2. 滤纸

滤纸的作用是过滤咖啡渣，滤纸质量的主要衡量因素是纸味的轻重、透水性是否良好、是否贴合滤杯等，如图 3-4-5 所示。

图 3-4-5　滤纸

3. 分享壶

分享壶主要用于盛装咖啡，一般使用的材质是耐热玻璃，常见的壶身是上窄下宽的梯形。随着咖啡文化的发展，现在也出现了更多造型新颖、美观的分享壶，如图 3-4-6 所示。

图 3-4-6　分享壶

4. 手冲壶

对手冲咖啡而言，"水流"的控制相当关键。如果水流忽大忽小，会导致咖啡粉吃水不足或过度，萃取出的咖啡就会充满酸味或涩味，也容易萃取出其它负面味道。为了让水流能够更加稳定地注入滤杯中，手冲壶的选择至关重要，主要可以从壶身、壶嘴和壶颈这三个方面去选择：

（1）壶身。

壶身的宽窄比例，直接影响水流的水压与稳定度。市面上常见手冲壶的壶身设计多为上窄下宽的造型，这样设计的目的是让壶的重量尽量集中在底部，当手冲者以绕圈的方式注水于滤杯时，壶内的水不易因绕圈而晃动。

（2）壶嘴。

壶嘴的口径大小、角度等，直接决定了一杯咖啡的成败。它影响的不只是水量，还有水流的大小及稳定性等。手冲壶常见的壶嘴有细嘴、鹤嘴、平嘴等。

细嘴壶的特点是开口小，直径为 4 ~ 6 mm，出水较慢但水柱大小相对比较稳定，水流不会忽大忽小，比较容易控制，如图 3-4-7 所示。

图 3-4-7　细嘴壶

鹤嘴壶是整个壶嘴的开口侧面看起来像鹤的头部，壶颈后段的囊状设计搭配这类壶嘴，使得注水更准确，且可以产生较大的冲力去贯穿粉层，能更容易地浸泡到滤杯底部的咖啡粉。这种造型独特的壶嘴倒出来的水流比较柔顺，水柱可大可小，可控性相对自由，如图 3-4-8 所示。

图 3-4-8　鹤嘴壶

（3）壶颈。

手冲壶壶颈的形状，对手冲壶注水的形态有着很大的影响。主要能看到两种形状的壶颈，一种是纤细的管贴在壶身，还有一种类似于粗厚的天鹅颈。天鹅颈形状的壶颈，因其与壶身相贴的部分面积大，对水流起到缓冲作用。

5. 电子温度计、电子秤

"水温"是冲煮手冲咖啡的要素，因此在冲煮咖啡时，便捷的电子温度计很重要，如图 3-4-9 所示。一般手冲咖啡使用的温度区间在 80℃ ~ 96℃。水温过高，容易有苦涩味；水温过低，容易品尝到尖酸的口感。

在冲煮手冲咖啡时，为了能够精准称量咖啡粉和萃取过程中注入的水量，以及更方便地计算萃取时间，最好选择带有计时功能的电子秤，如图 3-4-10 所示。

图 3-4-9　电子温度计　　　　图 3-4-10　电子秤（带计时功能）

6. 磨豆机

磨豆机一般分为手摇磨豆机和电动磨豆机，无论哪一种，使用前都要调整好研磨度，因其会直接影响到一杯咖啡的风味。如图 3-4-11、图 3-4-12 所示。

图 3-4-11　手摇磨豆机　　　　　　　图 3-4-12　电动磨豆机

三、手冲咖啡的萃取原理

手冲咖啡的冲煮过程其实就是将热水倒在咖啡粉上，经由滤纸和滤杯萃取出咖啡，整个冲煮过程持续 2 至 3min。其核心原理是使咖啡粉中的滋味物溶解和扩散在水里。

1. 溶解

溶解指咖啡细胞中可溶分子溶解在热水中的过程，这是最重要的一步，决定了萃取出的咖啡风味。一颗咖啡豆由 70% 不可溶解的纤维素组成，另外 30% 是一些可溶的气味分子，在碰到水后会根据分子的大小依序被溶解出来。

2. 扩散

气味分子溶解之后，会借由渗透的方式离开咖啡细胞，这个过程称为扩散。气味分子扩散进热水后，形成最后的咖啡萃取液。

四、手冲咖啡五种常见的冲煮手法

1. 一刀流

一刀流即一次性注水完成冲煮。这种手法是在闷蒸之后，一次性地不间断注水，让咖啡粉持续浸泡在水中，把咖啡粉内的芳香物质充分地萃取出来（见表 3-4-1，表 3-4-2）。

优点：能萃取出干净、清晰、稳定的咖啡风味，操作简单。

表 3-4-1 一刀流的冲煮参数

参数：

烘焙程度	浅中深
粉量	15 g
水量	225 mL
水粉比	1 : 15
研磨度	常规偏细，中深烘比浅烘粗一点
水温	85℃ ~ 95℃
冲煮时间	2 min以内

表 3-4-2 一刀流的冲煮过程

冲煮过程：

阶段	用时	单次注水量	操作
第一次注水	30 s	30 mL	10 s内小水流绕圈注入30 mL水，覆盖所有表面粉层，闷蒸30 s
第二次注水	30 s	195 mL	先小水流画圈流至一半时，中心定点注水至225 mL
等待萃取完成			

2. 三段式

三段式是经典手冲法，中间会经历两次断水，以小、中、大三种水流对咖啡粉进行三段萃取。通过断水来调整前中后三段风味的比重，以萃取出不同的滋味物（见表 3-4-3，表 3-4-4）。

优点：萃取风味更加充分，且兼容性强。

表 3-4-3 三段式的冲煮参数

参数：

烘焙程度	浅中深
粉量	15 g
水量	225 mL
水粉比	1 : 15
研磨度	常规偏细，中深烘比浅烘粗一点
水温	85℃ ~ 95 ℃
冲煮时间	2 min左右

表3-4-4　一刀流的冲煮过程

冲煮过程：

阶段	用时	单次注水量	操作
第一次注水	30 s	30 mL	10 s内小水流绕圈注入30 mL水，覆盖所有表面粉层，闷蒸30 s
第二次注水	30 s	195 mL	中水流画圈注入100 mL的水量（或90 mL画圈，50 mL中心点注水）
第三次注水	30 s	95 mL	大水流画圆一圈后，中心点注水至225 mL
等待萃取完成			

3. 四六法

四六法需要用电子秤搭配时间控制，整个冲煮过程共有 5 次注水。第一次与第二次会注入总水量的 40%，该阶段决定了咖啡的整体香气和风味走向；第三到第五段会注入总水量的 60%，该阶段决定了咖啡整体口感的厚实程度（见表3-4-5，表3-4-6）。

优点：易懂且实用，对水流的控制要求不高。

表3-4-5　四六法的冲煮参数

参数：

烘焙程度	浅中深
粉量	20 g
水量	300 mL
水粉比	1：15
研磨度	常规偏粗
水温	92℃ ~ 94℃
冲煮时间	3.5 min

表3-4-6　四六法的冲煮过程

冲煮过程：

阶段	用时	单次注水量	操作
第一次注水	30 s	50 mL	10 s内小水流绕圈注入60 mL水，覆盖所有表面粉层，闷蒸45 s
第二次注水	30 s	50 mL	画圈注入60 mL水
第三次注水	30 s	50 mL	画圈注入60 mL水
第四次注水	30 s	50 mL	画圈注入60 mL水
第五次注水	30 s	50 mL	画圈注入60 mL水
等待萃取完成			

4. 搅拌法

搅拌法是指在咖啡的闷蒸阶段，使用搅拌棒将水与咖啡粉充分混合的方式。搅拌法可以让咖啡风味被快速萃取，萃取时需要逐段注入预设的粉水比水量，并用大水流推高水位，加快过滤速度，起到稀释作用。搅拌法萃取方式更适合酸感明亮、高品质的咖啡豆（见表 3-4-7，表 3-4-8）。

优点：能更好地萃取出咖啡豆中的芳香物质，放大风味。

表 3-4-7　搅拌法的冲煮参数

参数：

烘焙程度	浅中深
粉量	12 g
水量	200 mL
水粉比	1∶16
研磨度	极细研磨，浓缩粗细
水温	95℃
冲煮时间	2.5 min

表 3-4-8　搅拌法的冲煮过程

冲煮过程：

阶段	用时	单次注水量	操作
第一次注水	30 s	30 mL	小水流绕圈注入60 mL水，再用勺子进行一次十字搅拌，闷蒸45 s
第二次注水	30 s	70 mL	由内而外大水流画圈注入70 mL水
第三次注水	30 s	100 mL	由内而外大水流画圈注入100 mL水
等待萃取完成			

5. 三温暖法

即在冲煮过程中，用三种不同的温度从高到低进行冲煮。这种手法对咖啡豆的品质要求比较高，适合浅烘咖啡豆，可以萃取出浅烘的香气、甜感、饱满的口感、绵长的余韵，而这种降温式的冲法，能在一定程度上呈现出咖啡的层次感和饱满度（见表 3-4-9，表 3-4-10）。

优点：以三种不同温度水进行冲煮，能更好地萃取出咖啡的香气与甜感。

表 3-4-9　三温暖法的冲煮参数

参数：

烘焙程度	浅中深
粉量	16 g
水量	240 mL
水粉比	1∶15
研磨度	中粗研磨粗细
水温	三种水温
冲煮时间	2 ~ 2.5 min

表 3-4-10 三温暖法的冲煮过程

冲煮过程：

阶段	水温	单次注水量	操作
第一次注水	100℃	30 mL	10 s内画圈注入40 mL水，闷蒸30 s
第二次注水	100℃	70 mL	大水流画圈注入100 mL水，等待水滴完
第三次注水	88℃ ~ 93℃	100 mL	水壶加入冷水降温至88℃ ~ 93℃后，大水流画圈注入60 mL水，等待水滴完
第四次注水	80℃ ~ 85℃	100 mL	水壶加入冷水降温至80℃ ~ 85℃后，画圈注入40 mL水，浸泡20 s
等待萃取完成			

五、手冲咖啡的冲煮关键

1. 研磨度

手冲咖啡一般采用中度研磨度。咖啡粉研磨得越细，咖啡接触水的表面积越大，萃取率会越高；研磨得越粗，咖啡接触水的表面积越小，萃取率会越低。

2. 水质

冲煮咖啡的水质不是越纯净越好。一般要求水质 TDS 值为 150 毫克 / 升，无氯气，pH 值为 7 ~ 8。

3. 粉水比

咖啡粉与水的比例直接影响咖啡的浓度，粉水比在 1：12 ~ 1：18 之间，最接近"理想口感"。

4. 水温

水温会直接影响咖啡的萃取效率，一般手冲咖啡的冲煮温度范围为 80℃ ~ 96℃。

5. 水流

注水时水流的稳定性、大小、速度、垂直角度等都会影响咖啡的风味。在注水时，水流不可以过快或者过慢，要均匀地、连续不断地注水，水流尽量不要冲到滤壁上，否则容易使咖啡出现杂味。

6. 时间

不同的冲煮方式萃取时间略有不同，一般萃取时间尽量控制 2 ~ 3 min（含闷蒸的时间）。

【任务实施】

使用三段式冲煮法制作一杯单品咖啡。

1. 任务准备

（1）器具及材料准备：手冲壶、咖啡豆、磨豆机、滤杯、滤纸、分享壶、计时器、电子秤、热水、杯碟、废水桶。

（2）小组准备：四人一组（一名吧台长、三名吧员）。

使用手冲壶制作咖啡的注意事项

2. 操作流程

手冲咖啡的冲煮流程，如图 3-4-13 所示。

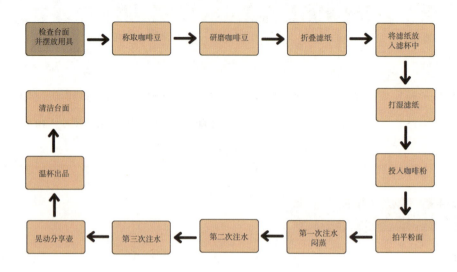

图 3-4-13　手冲咖啡的冲煮流程

3. 操作步骤

步骤 1：准备工作。清洁台面并摆放用具，如图 3-4-14 所示。

步骤 2：称取咖啡豆。设定粉水比为 1 ：15，称取 20 g 咖啡豆，如图 3-4-15 所示。

图 3-4-14　准备工作

图 3-4-15　称取咖啡豆

步骤 3：研磨咖啡豆。检查磨豆机，调整好磨豆机的研磨度，研磨咖啡豆，如图 3-4-16 所示。

步骤 4：折叠滤纸。折叠滤纸的压缝处，转移滤纸的承重点，避免滤纸在制作咖啡途中裂开，如图 3-4-17 所示。

图 3-4-16　研磨咖啡豆

图 3-4-17　折叠滤纸

手冲壶制作咖啡的
流程及注意事项

步骤 5：将滤纸放入滤杯中。采用与滤杯大小相符的滤纸，如图 3-4-18 所示。

步骤 6：打湿滤纸。用热水将滤纸充分打湿，去除滤纸的味道，同时使滤纸更加贴合杯壁，如图 3-4-19 所示。

图 3-4-18　将滤纸放入滤杯中

图 3-4-19　打湿滤纸

步骤 7：投入咖啡粉，将研磨好的咖啡粉投入滤纸中，如图 3-4-20 所示。

步骤 8：拍平粉面。将咖啡粉的表面拍平，以便萃取时水和咖啡粉能够均匀接触，如图 3-4-21 所示。

图 3-4-20　投入咖啡粉

图 3-4-21　拍平粉面

步骤 9：第一次注水。准备 30 ~ 40 mL 91℃热水，从咖啡粉的中心点注入，小水流画圈，将粉层浸湿，进行闷蒸（闷蒸时间为 30 s 左右），直至咖啡粉膨胀，如图 3-4-22 所示。

步骤 10：第二次注水。控制水流，使水流与壶嘴呈 90° 直角。注水以画圈的方式，使用中水流从粉层中心注水，再层层向外推开至边缘，再从外圈绕回至中心点，并重复向外，如图 3-4-23 所示。

图 3-4-22　第一次注水

图 3-4-23　第二次注水

步骤 11：第三次注水。控制水流，使水流与壶嘴呈 90° 直角。注水方式为以画圈的方式，使用大水流从粉层中心注水，再层层向外推开至边缘，再从外圈绕回至中心点，重复向外。

步骤12：萃取完成，晃动分享壶。让经三次冲煮后萃取出的咖啡液均匀融合，如图3-4-24所示。

步骤13：温杯。避免咖啡液接触冰冷的杯子，使咖啡口感和风味急速下降，如图3-4-25所示。

图3-4-24 萃取完成，晃动分享壶

图3-4-25 温杯

步骤14：出品。将咖啡倒入单品杯至八分满出品，如图3-4-26所示。

图3-4-26 出品

步骤15：清洁台面。

【任务评价】

分小组使用手冲壶制作单品咖啡，完成实训评价表3-4-11。

表3-4-11 手冲壶制作单品咖啡实训评价表

评价项目	要点及标准	分值	小组评价	教师评价
工作人员实训准备（5分）	着符合咖啡师岗位要求的服装	1		
	不留长指甲	1		
工作人员实训准备（5分）	不佩戴夸张首饰	1		
	男生不留长发，耳发不过耳，刘海不过眉；女生不披发，可盘发或束发，刘海不过眉	1		
	面部保持洁净清爽	1		
器具准备（10分）	手冲壶、咖啡豆、磨豆机、滤杯、滤纸、分享壶、计时器、电子秤、热水、杯碟、废水桶	10		

评价项目	要点及标准	分值	小组评价	教师评价
技能操作（60分）	正确的注水方式	9		
	恰当运用电子秤	9		
	正确的粉水比	9		
	有效地控制闷蒸时间	9		
	有效地控制萃取时间	9		
	温杯及出品	9		
	制作过程中是否有清洁意识	6		
台面清洁（5分）	整洁、卫生的工作区域	5		
效果（20分）	咖啡香气（干、湿香）	5		
	咖啡体脂感（厚实、黏稠、顺滑、圆润）	5		
	咖啡风味（滋味物的丰富程度）	5		
	咖啡的平衡度	5		
总分（100分）	小组评价			
	教师评价			
实训反思				

一、单选题

1.下列选项不属于制作手冲咖啡必须选择的工具是（　　）。

A.手冲壶　　　　　　B.咖啡勺　　　　　　C.滤杯　　　　　　D.滤纸

2.制作手冲咖啡时，下列因素除（　　）之外，都对手冲咖啡的品质有较为重要的影响。

A.水的温度　　　　　B.水流的大小　　　　C.萃取时间　　　　D.咖啡杯的类型

3.手冲咖啡一般采用（　　）研磨度的咖啡粉。

A.细　　　　　　　　B.中　　　　　　　　C.粗　　　　　　　　D.极粗

4.制作手冲咖啡时，使用滴滤杯制作单品需要闷蒸的原因是（　　）。

A.美观，吸引眼球　　　　　　　　　B.释放咖啡豆中的氧气，有助于冲煮

C.释放咖啡豆的二氧化碳　　　　　　D.最大程度保留咖啡的香味

5.手冲咖啡萃取结束后，残留在滤纸上的咖啡粉往往呈现（　　）状，表示萃取方式正确。

A.锥形　　　　　　　　B.钵形　　　　　　　　C.碗形　　　　　　　　D.凹陷形

二、判断题（判断正误，正确的打"√"，错误的打"×"）

1.手冲咖啡更适合制作深度烘焙的咖啡。（　　）

2.手冲咖啡滤纸越厚越好。（　　）

3.目前最常见的手冲咖啡滤杯是锥形杯。（　　）

4.进行手冲咖啡冲煮时，可以直接使用滤杯不使用滤纸。（　　）

5.同一种咖啡器具，使用细的咖啡粉萃取速度快，粗的咖啡粉萃取速度慢。（　　）

三、实践操作

各小组使用同一款咖啡豆，分别采用一刀流和三段式的冲煮方法萃取两杯单品咖啡，完成表3-4-12。

表3-4-12　使用一刀流和三段式冲煮咖啡的风味差异

萃取方法	萃取量	萃取时间	风味特点
一刀流			
三段式			

任务5　虹吸壶制作咖啡

【任务情景】

晓啡最近观看咖啡世界大赛，在冲煮单品咖啡时，参赛选手使用的器具种类繁多，除了手冲壶外，还有许多她不知道名字的单品咖啡冲煮器具。如何才能使用不同的冲煮器具萃取出一杯完美的咖啡呢？

晓啡对此产生了浓厚的兴趣，于是她开始学习使用一种新的器具——虹吸壶。

【任务分析】

学习理论知识，观看相关的图片和视频，通过对虹吸壶的概念、工作原理等知识的学习，了解虹吸壶的结构和冲煮方法；通过使用虹吸壶制作单品咖啡的冲煮实践，掌握使用虹吸壶制作咖啡的技巧，并按要求做好虹吸壶的清洗与保养。

【知识准备】

虹吸壶的基础知识

一、虹吸壶的概念

虹吸壶，又称塞风壶或虹吸式，是简单又好用的咖啡冲煮器具，也是咖啡馆最普遍的咖啡煮法之一。虹吸壶的使用原理是利用将水加热后，水蒸气热胀冷缩时产生的气压差，将下球体的热水推至上壶，待下壶冷却后再把上壶的水吸回来。虹吸壶煮出的咖啡香醇，是一般机器冲泡出的咖啡所不能比拟的。

二、虹吸壶的工作原理

使用虹吸壶制作咖啡，最大的特点是可以看到咖啡从豆粉冲煮成咖啡的全部过程，它利用蒸汽压力的原理完成冲煮，操作时着重工序。虹吸式咖啡壶的构造很简单，主要分为两部分：玻璃上壶和玻璃下壶，上下壶之间有一支架，它能使上下壶紧密结合，而在下壶和支架上有一金属螺丝栓固定下壶，使之放置平衡。冲煮咖啡还需要准备过滤器和滤布过滤咖啡渣。因为在冲煮咖啡时咖啡和滤布直接接触，所以过滤器的保养和滤布的清洁很重要。

虹吸壶咖啡冲煮法是通过加热下壶的水，等到它沸腾后，水因虹吸原理上升，冲泡上壶的咖啡粉，而移开热源，煮好的咖啡就会自动下降，如图 3-5-1 所示。

使用虹吸壶制作咖啡的注意事项

图 3-5-1 虹吸壶

【任务实施】

使用虹吸壶冲煮单品咖啡。

1.任务准备

（1）器具及材料准备：虹吸壶一组、咖啡豆、磨豆机、洁净滤布、光波炉、搅拌棒、拧干的湿抹布、电子秤、热水。

（2）小组准备：四人一组（一名为组长，小组成员分工合作，完成制作咖啡）。

2.操作流程

使用虹吸壶冲煮单品咖啡的流程，如图3-5-2所示。

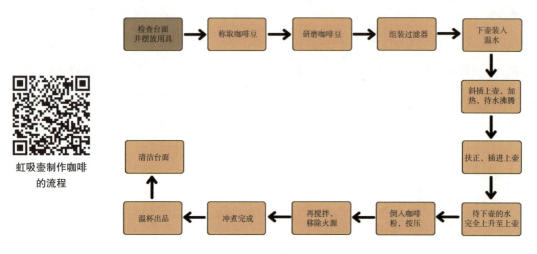

虹吸壶制作咖啡的流程

图3-5-2　使用虹吸壶冲煮单品咖啡的流程

3.操作步骤

步骤1：使用磨豆机将咖啡豆研磨成粉。

步骤2：加水。将水注入虹吸壶下座的玻璃球体中，壶身有杯量刻度，可按照自己的出杯份数进行掌握，如图3-5-3所示。

图3-5-3　加水

步骤3：将虹吸壶的过滤器正确安装在上座正中。确认过滤器处于上座底部正中间，若有偏移，可以使用搅拌棒调整。向下拉过滤器的金属钩，使它正确牢固地勾住上座下面的玻璃管下沿，并将上壶斜插在下壶上，置于光波炉上加热，如图3-5-4、图3-5-5所示。

图 3-5-4　安装过滤器　　　　图 3-5-5　斜插上壶、加热

步骤 4：在下壶连续冒出大水泡后，把上壶扶正，左右轻摇并向下轻压，使之轻柔地塞进下壶。上壶插上以后，可以看到下壶的水开始往上升，如图 3-5-6 所示。

图 3-5-6　扶正、插进上壶

步骤 5：待下壶的水完全升至上壶后，调小光波炉瓦数，再将咖啡粉倒入上座。用搅拌棒轻轻将咖啡粉按压至水中，搅拌 3 ~ 4 圈，搅拌动作要轻柔，避免暴力搅拌，同时开始计时 30s。如图 3-5-7 所示。

图 3-5-7　倒入咖啡粉、按压

步骤 6：30 s 后开始第二次搅拌。搅拌时要匀速、轻柔，并继续计时，如图 3-5-8 所示。

图 3-5-8　二次搅拌

步骤 7：20 s 后，关掉光波炉，用湿抹布迅速擦拭下座。让下壶温度下降，产生负压，使咖啡液较快进入下座，同时移除火源，避免下壶的热量对咖啡液造成二次加热，影响风味，如图 3-5-9 所示。

影响虹吸壶萃取
咖啡的因素

图 3-5-9　移除火源

步骤 8：轻轻左右摇晃上壶，即可将上壶与下壶拨开，也可以用搅拌棒拨开上壶的咖啡渣，以利于空气进入壶中，平衡上下壶的压力，方便拆卸。

步骤 9：将咖啡液倒进咖啡杯中，即可享受一杯风味香醇的咖啡，如图 3-5-10 所示。

图 3-5-10　萃取完成

【任务评价】

分小组按照虹吸壶制作咖啡的流程，使用虹吸壶冲煮单品咖啡，完成实训评价表 3-5-1。

表 3-5-1　虹吸壶冲煮法实训评价表

评价项目	要点及标准	分值	小组评价	教师评价
工作人员实训准备（5分）	着符合咖啡师岗位要求的服装	1		
	不留长指甲	1		
	不佩戴夸张首饰	1		
	男生不留长发，耳发不过耳，刘海不过眉；女生不披发，可盘发或束发，刘海不过眉	1		
	面部保持洁净清爽	1		
器具准备（10分）	虹吸壶一组、咖啡豆、磨豆机、洁净滤布、光波炉、搅拌棒、拧干的湿抹布、电子秤、热水	10		

评价项目	要点及标准	分值	小组评价	教师评价
技能操作（60分）	装水，勾好过滤器	9		
	点火，斜插上壶，等待冒大水泡	9		
	扶正，插进上壶，使用磨豆机研磨咖啡豆，将适量的咖啡豆研磨至中度	9		
	让下壶的水完全上升至上壶	9		
	倒入咖啡粉，搅拌（左右拨动）	9		
	搅拌两次，熄火	9		
	制作过程中是否有清洁意识	6		
台面清洁（5分）	整洁、卫生的工作区域	5		
效果（20分）	咖啡香气（干、湿香）	5		
	咖啡体脂感（厚实、黏稠、顺滑、圆润）	5		
	咖啡风味（滋味物的丰富程度）	5		
	咖啡的平衡度	5		
总分（100分）	小组评价			
	教师评价			
实训反思				

一、单选题

1.使用虹吸壶萃取咖啡，以下选项中最恰当的粉水比为（   ）。

A.1：15   B.1：20   C.1：25   D.1：30

2.用虹吸壶冲煮咖啡时使用（   ）咖啡粉最佳。

A.细粉   B.中粉   C.中细粉   D.粗粉

3.在使用虹吸壶冲煮咖啡时，当出现小水泡时，应（   ）。

A.斜插上壶   B.扶正上壶   C.扶正下壶   D.熄灭酒精灯

4.下列不属于虹吸壶组成部分的是（　　）。

A.过滤器　　　　　B.酒精灯　　　　　C.滤布　　　　　D.滤杯

5.我们在使用虹吸壶冲煮咖啡时，下列哪一种情况会使咖啡味道变酸（　　）？

A.萃取过度　　　　B.搅拌不均　　　　C.火力过大　　　　D.水温过低

二、判断题（判断正误，正确的打"√"，错误的打"×"）

1.使用虹吸壶冲煮咖啡时，当下壶出现水泡时就立即将上壶扶正。（　　）

2.在使用搅拌棒将咖啡粉与液体混合均匀时需要大力搅拌，防止两者混合不均匀。（　　）

3.使用虹吸壶冲煮咖啡，对于水质无任何要求。（　　）

4.虹吸壶冲煮咖啡的原理是虹吸原理。（　　）

5.虹吸壶又称塞风壶。（　　）

任务6　法式滤压壶制作咖啡

【任务情景】

在前面的学习中，晓啡学习到了制作单品咖啡常见的两种器具，即手冲壶和虹吸壶。但是她发现在咖啡厅还摆放着一种不认识的咖啡冲煮器具，师傅告诉她这是法式滤压壶，是一种携带方便且使用难度较低的咖啡冲煮器具，对于喜爱咖啡的新手非常友好。作为新人咖啡师的晓啡对这款器具充满了好奇，它是怎么制作咖啡的呢？

【任务分析】

学习理论知识，观看相关的图片和视频，通过对法式滤压壶的构造、工作原理和萃取参数等知识的学习，了解法式滤压壶的结构和冲煮方法；通过使用法式滤压壶制作单品咖啡的冲煮实践，掌握使用法式滤压壶制作咖啡的技巧，并按要求做好法式滤压壶的清洗与保养。

【知识准备】

一、法式滤压壶的构造

法式滤压壶起源于1850年左右的法国，是一种由耐热玻璃瓶身（或者是透明塑料）和带压杆的金属滤网组成的简单冲煮器具，简称法压壶，如图 3-6-1 所示。法式滤压壶起初多被用作冲泡红茶之用，因此也被称为冲茶器。

图 3-6-1　法压壶的结构

二、法式滤压壶的工作原理

法式滤压壶的工作原理，简单说来，就是用浸泡的方式，通过使水与咖啡粉全面接触浸泡来释放咖啡的风味。

三、法式滤压壶的萃取参数

使用法式滤压壶制作咖啡的注意事项

1. 咖啡豆的研磨

咖啡豆需要使用粗度研磨，否则咖啡渣会从滤孔中穿过，使咖啡有浑浊的口感。而且咖啡粉太细会导致过度萃取，使口感偏苦。所以一套好的法压壶，滤网是至关重要的。

2. 水温

水的温度在 80℃ ～ 96℃ 之间最为适宜，粉水比为 1 ∶ 12 ～ 1 ∶ 18。浅烘的咖啡豆可以适当调高水温，深烘的咖啡豆则可适当降低。

3. 压力

按压的过程要缓慢，一压到底，请勿反复按压。否则咖啡渣也容易通过滤网，影响口感。

4. 萃取时间

在同一条件下，一般来说萃取时间越久，口感会越浓郁，然而时间过久也容易萃取出苦味、涩味、瑕疵味。对于不同烘焙程度的咖啡豆，萃取时间可以适当调整。一般来讲，深烘的咖啡豆萃取时间可以短一些，这样会得到苦味不会太重的口感，浅烘焙的咖啡豆萃取时间可以长一些，更容易萃取出均衡的咖啡口感。

5. 选购器具

选购法压壶时，除了要注重滤网的细密程度，壶体材质的好坏也很重要。用料不佳的壶体，可能会在清洗和使用中破裂，还影响美观。

【任务实施】

使用法式滤压壶冲煮咖啡。

1.任务准备

（1）器具及材料准备：法式滤压壶、咖啡豆、磨豆机、咖啡杯、豆勺、搅拌棒、计时器、热水壶、毛巾、电子秤、温度计、杯碟、废水桶、热水。

（2）小组准备：四人一组（一名吧台长、三名吧员）。

2.操作流程

使用法式滤压壶冲煮咖啡的流程，如图 3-6-2 所示。

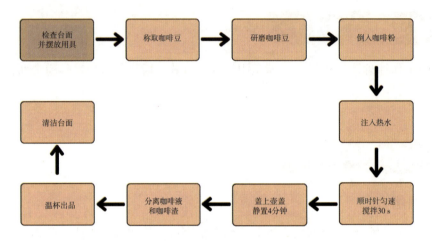

图 3-6-2　使用法式滤压壶冲煮咖啡的流程

3.操作步骤

步骤 1：检查法式滤压壶、咖啡豆、磨豆机、电子秤、热水、毛巾等工具是否准备好，台面是否干净整洁，如图 3-6-3 所示。

步骤 2：清洁并调试半磅磨豆机刻度，清理磨豆机中的残留咖啡粉。借助电子秤称量 20g 咖啡豆，然后使用磨豆机将咖啡豆进行研磨。如图 3-6-4 所示。

图 3-6-3　检查准备工作

图 3-6-4　称重咖啡豆

步骤 3：取出法式滤压壶滤网，倒入咖啡粉，以顺时针打圈的形式缓缓注入 88℃ ~ 92℃ 的热水 180 mL，如图 3-6-5、图 3-6-6 所示。

图 3-6-5　倒入咖啡粉

图 3-6-6　倒入热水

步骤 4：顺时针匀速搅拌 30 s，使热水与咖啡粉充分接触，如图 3-6-7 所示。

步骤 5：将带滤网的壶盖盖上，静置 4min（计时）后开始萃取咖啡，如图 3-6-8 所示。

图 3-6-7　顺时针搅拌

图 3-6-8　盖上壶盖、静置

步骤 6：按压滤网至壶底，分离咖啡液和咖啡渣，如图 3-6-9 所示。

图 3-6-9　按压滤网至壶底

步骤 7：将咖啡液倒入已温好的单品杯至八分满，配上杯碟、咖啡匙、糖包出品，如图 3-6-10、图 3-6-11 所示。

步骤 8：及时清洗壶身和滤网，清洁台面。

图 3-6-10　倒入咖啡液

图 3-6-11　出品

【任务评价】

分小组按照法式滤压壶制作咖啡的流程，使用法式滤压壶冲煮单品咖啡，完成实训评价表3-6-1。

表3-6-1　法压壶冲煮咖啡实训评价表

评价项目	要点及标准	分值	小组评价	教师评价
工作人员实训准备（5分）	着符合咖啡师岗位要求的服装	1		
	不留长指甲	1		
	不佩戴夸张首饰	1		
	男生不留长发，耳发不过耳，刘海不过眉；女生不披发，可盘发或束发，刘海不过眉	1		
	面部保持洁净清爽	1		
器具准备（10分）	法式滤压壶、咖啡豆、磨豆机、咖啡杯、豆勺、搅拌棒、计时器、热水壶、毛巾、电子秤、温度计、杯碟、废水桶、热水	10		
技能操作（60分）	恰当运用电子秤	7		
	恰当的咖啡豆研磨度	7		
	正确的注水方式	7		
	正确的粉水比	7		
	正确的搅拌手法	7		
	有效地控制闷蒸时间	7		
	有效地控制萃取时间	7		
	温杯及出品	7		
	制作过程中是否有清洁意识	4		
台面清洁（5分）	整洁、卫生的工作区域	5		
效果（20分）	咖啡香气（干、湿香）	5		
	咖啡体脂感（厚实、黏稠、顺滑、圆润）	5		
	咖啡风味（滋味物的丰富程度）	5		
	咖啡的平衡度	5		
总分（100分）	小组评价			
	教师评价			
实训反思				

一、单选题

1.法式滤压壶发源于（　　）。

A.美国　　　　　B.意大利　　　　　C.法国　　　　　D.英国

2.法式滤压壶制作咖啡的原理是（　　）。

A.浸泡加压　　　B.高温高压　　　　C.热胀冷缩　　　D.煎煮

3.用法式滤压壶制作咖啡，合适的水温为（　　）。

A.76℃～80℃　　B.80℃～96℃　　　C.96℃～100℃　　D.100℃以上

4.常见的法式滤压壶壶身的材质为（　　）。

A.有机玻璃　　　B.不锈钢　　　　　C.不锈钢与有机玻璃　D.陶瓷

二、判断题（判断正误，正确的打"√"，错误的打"×"）

1.使用法压壶制作咖啡时，研磨的咖啡粉属于中粗。（　　）

2.制作法压壶咖啡不需要注重粉水比。（　　）

3.将滤网放入壶中静置的时间一般在8～9 min。（　　）

4.在下压过程中，如果感觉压力大，是因为咖啡粉太粗了。（　　）

5.法压壶的独到之处在于金属滤网有相对较大的孔径，在萃取时咖啡中许多不可溶于水的物质可继续与水接触，进而可泡出一杯口感饱满扎实的咖啡。（　　）

三、实践操作

分小组实操，探究使用法式滤压壶在不同闷煮时间下的咖啡特点，完成表3-6-2。

表3-6-2　法式滤压壶在不同闷煮时间下的咖啡特点

特征	萃取不足	正常萃取	萃取过度
萃取时间	1 min以下	3～4 min	6 min以上
咖啡液颜色			
咖啡油脂			
咖啡风味			

四、探究活动

通过网络查找资料，总结出法式滤压壶冲煮单品咖啡的优缺点，完成表3-6-3。

表3-6-3　法式滤压壶冲煮单品咖啡的优缺点

	优点	缺点
法式滤压壶冲煮咖啡		

任务7 摩卡壶制作咖啡

【任务情景】

晓啡在周末看到一家咖啡馆中的摩卡壶，问道："这款壶是单纯用来装饰的吗？"咖啡师告诉她，这款摩卡壶被称为"家庭咖啡器具代表者"，想在家里喝咖啡的话，人们常常会用这款壶煮咖啡。听完咖啡师的讲解，她对这款又实用又美观的咖啡壶充满了好奇，她迫不及待地想知道应该如何使用摩卡壶冲煮咖啡，它的工作原理究竟是什么呢？

【任务分析】

学习理论知识，观看相关的图片和视频，通过对摩卡壶的起源、构造、工作原理与冲煮技巧等知识的学习，了解摩卡壶的结构和冲煮方法；通过使用摩卡壶制作单品咖啡的冲煮实践，掌握使用摩卡壶制作咖啡的技巧，并按要求做好摩卡壶的清洗与保养。

【知识准备】

摩卡壶的基础知识

一、摩卡壶的起源

摩卡壶是一种萃取意式浓缩咖啡基底的工具，如图 3-7-1 所示。1933年阿方索·比乐蒂受到洗衣机工作原理的启发制作出了世界第一只利用蒸汽压力萃取咖啡的家用摩卡壶。这一发明革新了意大利人在短时间内利用高压萃取咖啡液的原始制咖方式，使咖啡制作变得简单方便，摩卡壶逐渐在意大利家庭中得到普及，并慢慢发展成为意大利国民产品，如今已行销至全球。使用摩卡壶可以煮制出品质优良、风味醇厚的单品咖啡。

图 3-7-1　摩卡壶

二、摩卡壶的构造

最基本的摩卡壶由上座、粉槽、下座三部分组成，如图 3-7-2 所示。顶端部分的上座盛放萃取后的咖啡液，中间部分的粉槽盛放咖啡粉，底端部分下座是盛水的水槽。

上座

粉槽

下座

图 3-7-2　摩卡壶结构图

三、摩卡壶的工作原理

摩卡壶的工作原理简单来说就是通过加热下壶中的水变成蒸汽，利用蒸汽的压力将水推升至导管进入粉槽从而萃取咖啡液，再继续通过导管推升到上壶聚合流出，如图3-7-3所示。

咖啡液
滤网
密封胶圈
水蒸气
水
咖啡粉
压力
热源

图 3-7-3　摩卡壶的工作原理图

摩卡壶做出的咖啡是一种浓缩式的萃取，与意式咖啡机虽然在萃取原理上有所差别，且油脂不够丰富，但是在一定程度上能让使用者更便捷高效地品尝到原始意大利浓缩咖啡的浓度和风味，所以备受欢迎。使用摩卡壶不仅能制作出美式咖啡，还能制作出意式拿铁和卡布奇诺等风味口感各异的咖啡饮品。

四、摩卡壶的冲煮技巧

使用摩卡壶制作
咖啡的注意事项

1. 控制压力

使用摩卡壶时需注意以下三点，以避免摩卡壶爆炸或者咖啡烧干的情况：

（1）安装时检查密封圈是否完整，上下壶是否安装紧密。

（2）咖啡粉要适量取用，不能过度压粉。

（3）咖啡萃取结束前要一直关注摩卡壶，根据咖啡萃取状态及时调整火力。

2. 开壶

第一次使用摩卡壶，需要清洗壶身，用咖啡豆进行两到三次的萃取实验，实验所得咖啡需避免饮用。

3. 咖啡粉水比

不同型号、材质、品牌的摩卡壶的粉水比略有不同，本教材以单阀比乐蒂摩卡壶为例进行介绍。煮制一人份的咖啡，需要准备饮用水约75 mL，咖啡粉7 g；煮制两人份的咖啡，需要准备饮用水约110 mL，咖啡粉12 g。无论煮制单人份还是双人份咖啡，注水都不能超过压力阀。

【任务实施】

使用摩卡壶冲煮咖啡。

1.任务准备

（1）器具及材料准备：摩卡壶、咖啡豆、磨豆机、燃气灶（酒精灯）、水、勺子、计时器、毛巾、粉刷、电子秤、杯碟等。

（2）小组准备：四人一组（一名吧台长、三名吧员）。

2.操作流程

使用摩卡壶冲煮咖啡的流程，如图3-7-4所示。

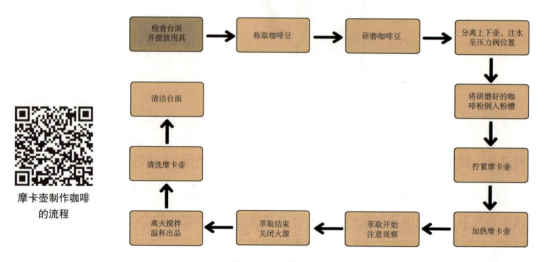

摩卡壶制作咖啡
的流程

图 3-7-4　使用摩卡壶冲煮咖啡的流程

3.操作步骤

步骤1：检查摩卡壶、咖啡豆、磨豆机、电子秤、毛巾等工具是否准备好，台面是否干净整洁。

步骤2：将摩卡壶上座与下座分离后，将水注入压力阀位置，如要使用热水，持壶时请使用隔热手套或者毛巾，以避免烫伤，如图3-7-5所示。

步骤3：使用磨豆机研磨咖啡粉，将研磨好的咖啡粉均匀倒入粉槽，避免用力挤压咖啡粉以防萃取失败，如图3-7-6所示。

图 3-7-5　分离上下壶

图 3-7-6　将咖啡粉均匀倒入粉槽

步骤4：处理干净上座与下座壶口处的咖啡余粉，旋转壶身拧紧摩卡壶。为避免损坏手柄，尽量不要握着上座手柄进行旋转。如图3-7-7所示。

步骤 5：加热摩卡壶，明火火苗应调节至不超过摩卡壶底为宜，如图 3-7-8 所示。

图 3-7-7　清理咖啡余粉，旋转壶身拧紧摩卡壶　　　　图 3-7-8　加热摩卡壶

步骤 6：当咖啡液流出说明萃取开始，此时应打开壶盖，观察萃取液的状态，根据状态适当调节火力，如图 3-7-9 所示。

步骤 7：当咖啡萃取至上壶中部时，关闭火源，同时盖上壶盖，将摩卡壶放置在湿毛巾上，此时摩卡壶的余温会令咖啡继续萃取，如图 3-7-10 所示。

图 3-7-9　观察萃取状态　　　　图 3-7-10　关闭火源，将摩卡壶放置于湿毛巾上

步骤 8：萃取完成后，搅拌浓缩咖啡，使其上下风味均匀，并将咖啡装入温杯后的咖啡杯中，做好出品准备，如图 3-7-11 所示。

步骤 9：清洁摩卡壶。制作完成一杯咖啡后，应等热的摩卡壶完全冷却后，再将摩卡壶上下分离。去除咖啡槽里的咖啡渣，用温水与柔软的清洁布清洁摩卡壶，等待摩卡壶完全干燥后再收起，如图 3-7-12 所示。

图 3-7-11　倒出咖啡液　　　　图 3-7-12　清洁摩卡壶

步骤 10：出品整理。将咖啡配上杯碟、咖啡匙、糖包等出品并整理操作台，如图 3-7-13 所示。

图 3-7-13　出品整理

【任务评价】

分小组按照摩卡壶制作咖啡的流程，使用摩卡壶冲煮单品咖啡，完成实训评价表 3-7-1。

表 3-7-1　摩卡壶冲煮咖啡实训评价表

评价项目	要点及标准	分值	小组评价	教师评价
工作人员实训准备（5分）	着符合咖啡师岗位要求的服装	1		
	不留长指甲	1		
	不佩戴夸张首饰	1		
	男生不留长发，耳发不过耳，刘海不过眉；女生不披发，可盘发或束发，刘海不过眉	1		
	面部保持洁净清爽	1		
器具准备（10分）	摩卡壶、咖啡豆、磨豆机、圆形支架、燃气灶（酒精灯）、水、勺子、计时器、毛巾、粉刷、电子秤、杯碟等	10		
技能操作（60分）	检查摩卡壶清洁与密封情况	8		
	恰当的咖啡豆研磨度	8		
	正确将水装在压力阀之下	8		
	正确布粉	8		
	正确调整火力	8		
	正确观察咖啡萃取状态，及时开盖与关盖	8		
	正确温杯出品	8		
	制作过程中是否有清洁意识	4		
台面清洁（5分）	整洁、卫生的工作区域	5		
效果（20分）	咖啡香气（干、湿香）	5		
	咖啡体脂感（厚实、黏稠、顺滑、圆润）	5		
	咖啡风味（滋味物的丰富程度）	5		
	咖啡的平衡度	5		

评价项目	要点及标准		分值	小组评价	教师评价
总分（100分）	小组评价				
	教师评价				
实训反思					

练习与实践

一、单选题

1.摩卡壶的萃取方式主要是（   ）。

A.浸泡   B.蒸汽压力   C.闷蒸   D.煎煮

2.咖啡史上历史最悠久的咖啡制作器具是（   ）。

A.意式咖啡机   B.冰咖啡机   C.摩卡壶   D.土耳其壶

3.摩卡壶的原产地是（   ）。

A.意大利   B.法国   C.埃塞俄比亚   D.巴西

二、判断题（判断正误，正确的打"√"，错误的打"×"）

1.为了萃取出更香醇的咖啡，使用摩卡壶冲煮时一定要将咖啡粉夯压紧实。（   ）

2.摩卡壶是由上座、粉槽、下座组成。（   ）

3.经过摩卡壶萃取的咖啡需要搅拌均匀再加入咖啡杯。（   ）

4.在使用摩卡壶萃取咖啡的过程中，火力越大咖啡萃取越快，因此需要使用大火萃取。（   ）

5.在使用摩卡壶萃取咖啡时应注意观察萃取状态。（   ）

三、实践操作

分小组实操，探究不同萃取时长下的意式咖啡的特点，完成表3-7-2。

表 3-7-2　不同萃取率下意式咖啡的特点

特征	萃取不足	正常萃取	萃取过度
萃取时间	20 s以内	20 ~ 30 s	30 s以上
油脂的颜色			
油脂的厚度			
油脂的稳定性			
咖啡风味			

任务8　土耳其壶制作咖啡

【任务情景】

晓啡听说使用土耳其咖啡壶冲煮咖啡是最古老的一种咖啡萃取方法，它的味道被公认是咖啡最本源的味道。晓啡对这款具有观赏性和悠久历史的咖啡冲煮壶充满了好奇，迫不及待地想知道应该如何使用土耳其壶制作咖啡。

【任务分析】

学习理论知识，观看相关的图片和视频，通过对土耳其咖啡的起源、制作器具、咖啡豆研磨与萃取参数等知识的学习，了解土耳其咖啡的独特文化和土耳其壶的冲煮方法；通过使用土耳其壶制作单品咖啡的冲煮实践，掌握使用土耳其壶制作咖啡的技巧，并按要求做好土耳其壶的清洗与保养。

【知识准备】

一、土耳其咖啡的起源

土耳其咖啡是欧洲咖啡的始祖，最早兴起于奥斯曼帝国的土耳其。土耳其咖啡自发明以来在帝国境内受到人民的普遍热爱，咖啡馆更是如雨后春笋般遍及各地，并在 17 世纪的中后期传到了英国和法国。英国的第一家咖啡馆于 17 世纪中期由雅各布在牛津创立。1680 年，土耳其驻法国大使邀请法国各地的政要名流参加了一场奢华的聚会，在派对中，土耳其大使用昂贵的瓷器茶托将咖啡呈给宾客们享用，由此，土耳其咖啡开始在法国流行起来，如图 3-8-1 所示。

图 3-8-1　土耳其咖啡

二、土耳其咖啡的制作器具

土耳其咖啡壶现在在东欧、北非和中东等地区依然被广泛使用。在早期欧洲及最早饮用咖啡的阿拉伯地区，土耳其壶都是为数不多的，甚至是唯一的咖啡冲煮器具。时至今日，在世界土耳其咖啡大赛中，这款已经有约五百年历史的咖啡冲煮器具仍可一战。土耳其壶的制作工艺极为古老精细，闪闪发光的壶身可以由不锈钢、黄铜、铜甚至是陶瓷制作而成，但是兼顾了极佳导热性和传统外观的黄铜依旧是制作壶身的首选材料。土耳其壶的壶身上有一个长把手，壶的上端边缘还会有一个小嘴，以便倒出咖啡。在土耳其壶悠久的历史里，许多匠人还会将一些美丽的花纹雕刻在土耳其壶的壶身上，如图 3-8-2 所示。

图 3-8-2　土耳其咖啡壶

土耳其咖啡壶的
基础知识

三、土耳其咖啡粉的研磨

传统的土耳其咖啡粉需要使用专门的器具进行研磨，其对研磨度的要求是"极细"，摸上去的感觉已经不是"脆脆的"，而是"绵软的"。假如没有土耳其壶专用的磨豆机，也可以使用电动磨豆机的最低磨度，如图 3-8-3 所示。

使用土耳其壶制作
咖啡的注意事项

图 3-8-3　土耳其壶专用磨豆机

四、土耳其咖啡的萃取参数

土耳其咖啡的萃取比例一般为 1∶10，萃取时取 10 g 咖啡粉，100 mL 水，经 3 次沸腾后萃取完成。

【任务实施】

使用土耳其壶冲煮咖啡。

1.任务准备

（1）器具及材料准备：土耳其壶、咖啡豆、磨豆机、煤气炉、勺子、咖啡杯、湿毛巾、咖啡围裙、热水。

（2）小组准备。四人一组（一名吧台长、三名吧员）。

2.操作流程

土耳其咖啡的制作流程，如图3-8-4所示。

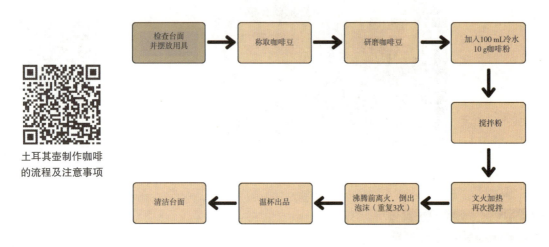

图 3-8-4 土耳其咖啡的制作流程

土耳其壶制作咖啡的流程及注意事项

3.操作步骤

步骤1：检查土耳其壶、煤气炉、勺子，咖啡杯、咖啡豆、磨豆机、湿毛巾和咖啡围裙是否准备好，如图3-8-5所示。

步骤2：使用磨豆机磨出极细研磨度的咖啡粉，如图3-8-6所示。

图 3-8-5 检查准备工作

图 3-8-6 研磨咖啡粉

步骤3：在土耳其咖啡壶中放入100 mL冷水，随后加入约10 g咖啡粉，如图3-8-7、图3-8-8所示。

图 3-8-7 放入 100 mL 冷水

图 3-8-8 加入 10 g 咖啡粉

步骤 4：原料加好后，在加热之前要搅拌 3 s 左右，然后放置于煤气炉上方，如图 3-8-9 所示。

步骤 5：文火加热再一次搅拌。搅拌时需轻柔缓慢，不能将液面的粉层搅散（避免破渣），以免过度萃取，如图 3-8-10 所示。

图 3-8-9 放置于煤气炉上方

图 3-8-10 文火加热再次搅拌

步骤 6：即将沸腾前，咖啡液的表面出现了一层金黄色的泡沫，当泡沫逐渐增多、迅速上涌时，需立即将壶离火，把泡沫倒进杯子里，然后再放回火上。经过 3 次沸腾，咖啡风味逐渐浓稠，要等到水煮成原有的一半，才算大功告成。待咖啡渣沉淀到壶身底部，再将上层澄清的咖啡液倒进杯子饮用，如图 3-8-11 所示。

步骤 7：咖啡出品，如图 3-8-12 所示。

图 3-8-11 倒入咖啡液

图 3-8-12 出品

步骤 8：清洗土耳其咖啡壶，整理器具，如图 3-8-13 所示。

图 3-8-13　清洁吧台

【任务评价】

分小组按照土耳其壶制作咖啡的流程，使用土耳其壶冲煮单品咖啡，完成实训评价表 3-8-1。

表 3-8-1　土耳其壶冲煮咖啡实训评价表

评价项目	要点及标准	分值	小组评价	教师评价
工作人员实训准备（5分）	着符合咖啡师岗位要求的服装	1		
	不留长指甲	1		
	不佩戴夸张首饰	1		
	男生不留长发，耳发不过耳，刘海不过眉；女生不披发，可盘发或束发，刘海不过眉	1		
	面部保持洁净清爽	1		
器具准备（10分）	土耳其壶、咖啡豆、磨豆机、煤气炉、勺子、咖啡杯、湿毛巾、咖啡围裙、热水	10		
技能操作（60分）	恰当的咖啡豆研磨度	10		
	正确的粉水比	10		
	正确的搅拌手法	10		
	搅拌时正确破渣	10		
	恰当的冲煮次数	10		
	制作过程中是否有清洁意识	10		
台面清洁（5分）	整洁、卫生的工作区域	5		
效果（20分）	咖啡香气（干、湿香）	5		
	咖啡体脂感（厚实、黏稠、顺滑、圆润）	5		
	咖啡风味（滋味物的丰富程度）	5		
	咖啡的平衡度	5		

续表

评价项目		要点及标准	分值	小组评价	教师评价
总分（100分）	小组评价				
	教师评价				
实训反思					

一、单选题

1.土耳其咖啡起源于哪个国家（　　）。

A.奥斯曼帝国　　　　B.罗马帝国　　　　C.希腊　　　　D.奥匈帝国

2.土耳其咖啡于（　　）世纪中后期传入英国和法国。

A. 14　　　　　B. 16　　　　　C. 18　　　　D. 17

3.土耳其咖啡粉研磨度为（　　）。

A.极细粉　　　　B.细粉　　　　C.粗粉　　　　D.中粗粉

4.土耳其咖啡品饮的平衡度是（　　）的协调。

A.酸、甜、辣　　　B.酸、甜、苦　　　C.酸、甜、咸　　　D.风味、余韵、体脂感等

5.冲煮土耳其咖啡一般经过（　　）次沸腾。

A. 1　　　　　　B. 2　　　　　C. 3　　　　　D. 4

二、判断题（判断正误，正确的打"√"，错误的打"×"）

1.土耳其壶现在在东欧、北非和中东等地区仍被广泛使用。（　　）

2.土耳其咖啡的萃取比例为 1：10，即 10 g 咖啡粉，100 mL 水。（　　）

3.土耳其咖啡粉和水在放上加热炉前不用搅拌。（　　）

4.土耳其咖啡沸腾次数越多咖啡越浓香。（　　）

5.土耳其咖啡的口感为醇厚，饮用时能喝到一些细微的咖啡粉末。（　　）

三、实践操作

分小组使用土耳其壶冲煮咖啡，观察3次沸腾时咖啡不同的效果与口味，完成表3-8-2。

表3-8-2　土耳其壶冲煮咖啡记录表

效果与口味	沸腾第1次	沸腾第2次	沸腾第3次
咖啡体脂感（厚实、黏稠、顺滑、圆润）			
咖啡风味（滋味物的丰富程度）			
咖啡的平衡度			

项目四

意式咖啡

【项目引言】

意式咖啡是流行于全球的主要咖啡品类，全面掌握意式咖啡的制作与服务技能是一名咖啡师的从业基本功。本项目围绕意式咖啡，依托知识准备和实践训练来实施学习任务，使学习者具备意式浓缩咖啡及其萃取、拉花，以及以意式浓缩咖啡为基底的卡布奇诺、拿铁、美式、玛奇朵、阿芙佳朵、创意咖啡等意式咖啡制作的相关知识与技能。

【项目目标】

1. 能规范使用意式半自动咖啡机制作一杯意式浓缩咖啡。

2. 能够掌握优质奶泡的制作技术。

3. 能够掌握心形拉花、树叶拉花的制作技巧。

4. 能够熟练制作一杯卡布奇诺和拿铁咖啡。

5. 能够识记经典意式咖啡饮品的名字与配方。

6. 能够熟练制作各种意式咖啡饮品。

7. 能够进行创意咖啡的制作。

8. 培养学生严谨规范的工作意识。

9. 学习优秀范式咖啡的制作方法，提高审美能力。

10. 创作新式咖啡饮品，学会从生活体验中寻找创作灵感。

任务1 意式咖啡的制作

【任务情景】

晓啡听师傅讲，意式咖啡作为咖啡厅的主流产品，不仅能给人们带来香浓的口感，而且在其基础上制作的花式咖啡还能给人们带来高层次的味觉、视觉享受，掌握意式咖啡的制作方法是一位咖啡师的必备技能。为了成为一名优秀的咖啡师，晓啡对意式咖啡及其制作方法开始了新的学习之旅。

【任务分析】

学习理论知识，观看相关的图片和视频，通过对意式咖啡的起源，意式咖啡机与磨豆机的基础知识，意式浓缩咖啡的特点、种类及萃取方法等知识的学习，了解意式咖啡的相关器具及制作方法；通过意式浓缩咖啡的制作实践，掌握规范使用意式半自动咖啡机萃取咖啡浓缩液的方法，并反复练习制作一杯合格的意式浓缩咖啡。

【知识准备】

一、意式咖啡的起源

意式咖啡起源于意大利，是在1946年由意大利人加吉亚发明，并流行于意大利、西班牙和葡萄牙等南欧国家和地区的一种咖啡饮料，如图4-1-1所示。为了把这种特殊的咖啡与其他咖啡区分开来，人们以它的发明地为名，称其为意式咖啡。意式咖啡包括使用意式咖啡机制作出来的意式浓缩咖啡，及以意式浓缩咖啡为基础的所有衍生咖啡饮料，如卡布奇诺（Cappuccino）、拿铁（Latte）等。

图4-1-1 意式浓缩咖啡

二、意式咖啡机基础知识

意式咖啡机主要分为全自动咖啡机（如图4-1-2所示）和半自动咖啡机（如图4-1-3所示）。

意式全自动咖啡机，即能一键式萃取制作咖啡的咖啡机。它自动研磨、自动加热、自动添水、自动清洗，出品稳定。不足之处是制作的咖啡品质不高。

意式半自动咖啡机，也被称为意式咖啡机，因起源于意大利而得名。它通过高温、高压的方式来快速冲煮咖啡，但是需要单独配备一台磨豆机。咖啡师可以通过意式半自动咖啡机萃取浓缩咖啡和打发牛奶，并在此基础上完成各种花式咖啡的制作。

图4-1-2 全自动咖啡机

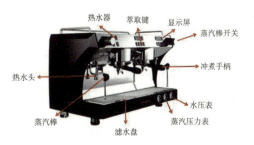

热水器　萃取键　显示屏
蒸汽棒开关
热水头
冲煮手柄
水压表
蒸汽棒
蒸汽压力表
滤水盘

图4-1-3 半自动咖啡机

三、磨豆机基础知识

1. 磨豆机的工作原理

磨豆机的工作原理，即以电机驱动刀片转动，并由两个刀片完成对咖啡豆的粉碎，如图4-1-4所示。刀片之间的间隙大小影响着咖啡粉的粒径粗细。

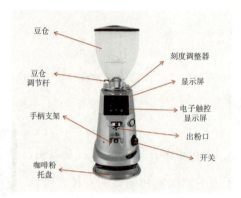

图 4-1-4 磨豆机

2. 研磨度

咖啡研磨度是决定一杯咖啡口感风味的关键因素。在研磨一款新的咖啡豆时，咖啡师可以通过预先设定萃取粉量、萃取时间、萃取液比重，并选择一个适中的研磨度去测试，在标准范围内再根据口感去微调，从而准确地掌握一款咖啡的最佳研磨度。

研磨度的粗细直接影响咖啡的酸苦平衡。通常咖啡颗粒越大，萃取出来的咖啡越酸，反之越苦。因此，如果发现萃取出来的浓缩偏苦，想要酸度高一点，那就把研磨度调粗一点，反之亦然。

四、意式浓缩咖啡的特点及种类

意式浓缩咖啡是利用高温高压，在极短的时间内萃取出油脂和芳香物质的咖啡。意式浓缩咖啡通常分为两层：油脂层（Cream）和液体层（Liquid）。油脂层是咖啡表面的一层黄棕色泡沫，由二氧化碳气体及咖啡本身的香精和油产生。咖啡的油脂层具有苦味。液体层是咖啡油脂层下的部分，由咖啡的可溶性物质和水等组成。液体层包含了浓缩咖啡的独特风味。

意式浓缩咖啡的
灵魂——油脂

一般来说，大部分咖啡饮品是用单份意式浓缩咖啡制作的，根据个人爱好，有时也会使用双份意式浓缩咖啡。意式浓缩咖啡按照萃取浓度从高到低排序分别为意式特浓咖啡（Ristretto）、意式浓缩咖啡（Espresso）和意式长萃咖啡（Lungo）。

1. 意式特浓咖啡

意式特浓咖啡是萃取意式咖啡的前段。在萃取前段的过程中，会有大量易溶物质萃出，此时的萃取液流速较慢、酸味浓烈突出且口感黏稠厚重。所以意式特浓咖啡不能理解为一杯萃取不足的意式浓缩咖啡，而是通过调整研磨度、时间、水温、水压等变量保证萃取率的咖啡，属于低萃高浓度咖啡。

粉液比：1 ∶ 1 ～ 1 ∶ 1.5。

萃取时间：15 ～ 18 s。

特点：咖啡因含量低，口感浓郁度高，余韵强烈。

适用咖啡品类：Dirty 咖啡、澳白咖啡、短笛。

2.意式浓缩咖啡

意式浓缩咖啡注重咖啡粉与咖啡萃取液的比例。通常意式浓缩咖啡的粉量与水量比例为 1 ∶ 2，该比例下的咖啡口感圆润顺滑，整体平衡感好。

粉水比：1 ∶ 2。

萃取时间：20 ～ 30 s。

特点：咖啡因含量中，口感浓郁度中。

适用咖啡品类：拿铁、卡布奇诺、美式咖啡等。

3.意式长萃咖啡

意式长萃咖啡在萃取时需要增加萃取时间和水量，因此萃取液的苦味较重，浓度较为稀薄，属于高萃低浓度咖啡。

粉液比：1 ∶ 4。

萃取时间：45 ～ 60 s。

特点：咖啡因含量高，苦味突出，风味淡。

适用咖啡品类：建议直接饮用。

除了以上三种意式浓缩咖啡以外，现在市面上还流行 SOE 意式浓缩咖啡，即采用单一产地的咖啡豆萃取浓缩咖啡。SOE 普遍以风味独特的咖啡豆或者以某款著名咖啡豆为主，更能还原咖啡豆的产区风味、地域风味，体现出烘焙师对于咖啡豆的独特理解。而采用拼配豆制作的意式浓缩咖啡在风味上比 SOE 更浓郁，口感也更加均衡。

4.三种意式浓缩咖啡的区别

从咖啡液浓度、咖啡因含量、单份杯量、萃取时间来看，意式特浓咖啡、意式浓缩咖啡和意式长萃咖啡有所不同。如表 4-1-1 所示。

表 4-1-1　三种浓缩咖啡的区别

类型	咖啡液浓度	咖啡因含量	单份杯量	萃取时间
意式特浓咖啡	高	低	少	短
意式浓缩咖啡	中	中	中	中
意式长萃咖啡	低	高	多	长

五、意式浓缩咖啡的萃取方法

1. 双份标准意式浓缩咖啡的萃取参数（见图4-1-5）

压力：9 bar ± 2 bar。

温度：90℃ ~ 96℃。

时间：20 ~ 30 s。

粉量：18 g ± 2 g。

萃取量：30 mL ± 5 mL。

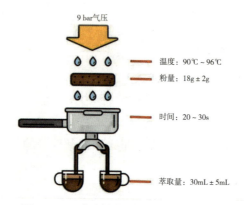

图 4-1-5 意式浓缩咖啡萃取图解及参数

2. 影响意式浓缩咖啡萃取的因素

（1）压力。

咖啡萃取的平均压力为9 bar。压力不足，萃取率不达标，压力过高，则容易导致萃取率过度。

（2）萃取温度。

萃取意式浓缩咖啡的水温一般在90℃ ~ 96℃。水温过高容易萃取过度，咖啡味道容易苦涩；水温过低容易萃取不足，咖啡味道容易尖酸。如果萃取的水温超出或低于设定好的萃取水温时，就需要联系专业人士进行检查。

（3）萃取时间。

萃取时间是指扣上手柄后，从按下萃取键开始萃取到结束萃取的整个时长。浓缩咖啡的萃取时间一般为20 ~ 30 s。

（4）咖啡粉量。

一般制作单份意式浓缩咖啡需要的咖啡粉量是8 ~ 10 g，双份意式浓缩粉量是16 ~ 20 g。一般来说，粉碗里有两条凹线，对应将粉碗扣压在冲煮头滤器上的位置。咖啡粉在粉碗中填压后，以不超过最高凹线和不低于最低线为粉量标准区间。

【任务实施】

制作一份意式浓缩咖啡。

1. 任务准备

（1）器具及材料准备：意式半自动咖啡机、意式拼配豆、磨豆机、意式浓缩杯、计时器、毛巾、粉刷、电子秤。

（2）小组准备：四人一组（一名吧台长、三名吧员）。

使用意式半自动咖啡机的注意事项

2. 操作流程

意式浓缩咖啡的制作流程，如图 4-1-6 所示。

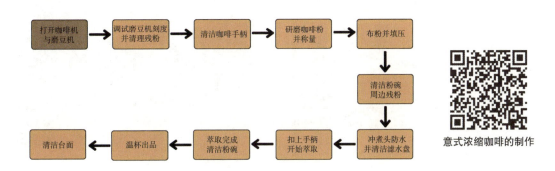

图 4-1-6 意式浓缩咖啡的制作流程

意式浓缩咖啡的制作

3. 操作步骤

步骤 1：准备工作。检查咖啡机、磨豆机是否开机，浓缩杯、电子秤、计时器、毛巾是否准备好，台面是否干净整洁，如图 4-1-7 所示。

步骤 2：清理磨豆机中的残留咖啡粉，并调试磨豆机刻度，如图 4-1-8 所示。

图 4-1-7 准备工作

图 4-1-8 调节磨豆机

步骤 3：手柄清洁。取下咖啡手柄，用毛巾擦拭粉碗里的水和残渣，如图 4-1-9 所示。

图 4-1-9　擦拭手柄

步骤 4：研磨咖啡粉并称重。称重是为了让每一次的萃取粉量保持一致，保证萃取浓缩咖啡的稳定性，如图 4-1-10 所示。

图 4-1-10　研磨咖啡粉并称重

步骤 5：布粉并填压。

（1）布粉：对粉碗里的咖啡粉进行修整，让粉碗中的咖啡粉表面平整。

（2）填压：

①左手掌心握住粉碗手柄，将粉碗平放在吧台台面。

②用右手拿取合适的压粉锤，掌心握住粉锤顶部，大拇指和食指对称放置在压粉锤底座的两侧。

③利用身体的力量，以握手之力 90° 垂直向下轻压粉末，并转动粉锤，如图 4-1-11 所示。

步骤 6：清洁粉碗周边残粉。把手柄两侧的锁扣和滤器口上的咖啡粉抹掉，如图 4-1-12 所示。

 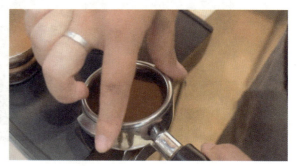

图 4-1-11　布粉并填压　　　　　　　　图 4-1-12　清洁粉碗边残粉

步骤 7：冲煮头放水并清洁滤水盘。萃取浓缩咖啡之前按咖啡机的长流水键，放出过热的水并冲洗冲煮头。清理擦拭滤水盘上的水渍，如图 4-1-13 所示。

步骤 8：开始萃取。快速扣上把手，按萃取键开始萃取，避免粉饼长时间接触水和高温，如图 4-1-14 所示。

图 4-1-13 冲洗冲煮头

图 4-1-14 萃取

步骤 9：扣粉并清洁。萃取完成一杯咖啡后，将咖啡手柄取下倒出咖啡渣，开启清洗开关，嵌入咖啡手柄，用咖啡机流出的热水清洗冲煮头，同时清洗咖啡柄，如图 4-1-15 所示。

步骤 10：出品。将咖啡配上杯碟、咖啡匙、糖包出品，如图 4-1-16 所示。

步骤 11：清洁台面。

影响意式浓缩咖啡萃取的因素

图 4-1-15 取下并清洗冲煮头

图 4-1-16 出品

【任务评价】

分小组使用意式半自动咖啡机制作一份意式浓缩咖啡，完成实训评价表 4-1-2。

表 4-1-2 意式咖啡实训评价表

评价项目	要点及标准	分值	小组评价	教师评价
工作人员实训准备（5分）	着符合咖啡师岗位要求的服装	1		
	不留长指甲	1		
	不佩戴夸张首饰	1		
	男生不留长发，耳发不过耳，刘海不过眉；女生不披发，可盘发或束发，刘海不过眉	1		
	面部保持洁净清爽	1		
器具准备（10分）	意式半自动咖啡机、意式拼配豆、磨豆机、意式浓缩杯、计时器、毛巾、粉刷、电子秤	10		

续表

评价项目	要点及标准	分值	小组评价	教师评价
技能操作（60分）	恰当的咖啡豆研磨度	9		
	正确使用电子秤称取咖啡粉	9		
	恰当的咖啡粉量	9		
	正确布粉及填压	9		
	恰当的萃取时间	9		
	温杯及出品	9		
	制作过程中是否有清洁意识	6		
台面清洁（5分）	整洁、卫生的工作区域	5		
效果（20分）	咖啡香气（干、湿香）	5		
	咖啡体脂感（厚实、黏稠、顺滑、圆润）	5		
	咖啡风味（滋味物的丰富程度）	5		
	咖啡的平衡度	5		
总分（100分）	小组评价			
	教师评价			
实训反思				

一、单选题

1.意式浓缩咖啡的类型不包括（　　）。

A.意式特浓咖啡 　　　B.意式浓缩咖啡 　　　C.意式精华咖啡 　　　D.意式长萃咖啡

2.意式咖啡机的标准萃取压力为（　　）。

A. 7 bar 　　　B. 9 bar 　　　C. 12 bar 　　　D. 15 bar

3.半自动咖啡机水温设置为（　　）。

A. 80℃~83℃ 　　　B. 90℃~96℃ 　　　C. 96℃~100℃ 　　　D. 100℃以上

4.意式特浓咖啡粉量的使用与萃取液比重是（　　）。

A.1：1　　　　　　B.1：1.5　　　　　　C.1：2　　　　　　D.1：2.5

5.意式浓缩标准萃取时间的范围是（　　）。

A.10～15 s　　　　B.15～20 s　　　　C.20～30 s　　　　D.30～40 s

6.导致意式浓缩咖啡过苦的原因是（　　）。

A.萃取正常　　　　B.萃取不足　　　　C.萃取过度　　　　D.萃取粉量不足

二、判断题（判断正误，正确的打"√"，错误的打"×"）

1.如果疏忽了咖啡机的日常清理，不仅会影响浓缩咖啡的味道，也可能造成机器故障。所以对咖啡机的日常清理是必不可少的。（　　）

2.正常浓缩咖啡的萃取量是咖啡粉量的2倍。（　　）

3.经过完美萃取的浓缩咖啡从上到下分为三层，上面的是咖啡脂，中间的是咖啡，最下面的是调味料。（　　）

4.使用半自动咖啡机萃取浓缩咖啡时，填压的力度不一样，浓缩咖啡的风味和口感也不一样。（　　）

5.在浓缩咖啡萃取过程中，流速过快，会容易萃取过度。（　　）

三、实践操作

1.分小组萃取以下三种意式浓缩咖啡，并总结出不同类型的意式浓缩咖啡的风味特征，完成表4-1-3。

表 4-1-3　不同类型的意式浓缩咖啡的风味特征

类　型	萃取量	萃取时间	粉液比	风味特点
意式特浓咖啡				
意式浓缩咖啡				
意式长萃咖啡				

2.分小组实操，探究不同萃取率的意式咖啡的特点，并完成表4-1-4。

表 4-1-4　不同萃取率的意式咖啡的特点

特征	萃取不足	正常萃取	萃取过度
萃取时间	20 s以内	20～30 s	30 s以上
油脂的颜色			
油脂的厚度			
油脂的稳定性			
油脂的颜色			

任务2　奶泡的制作

【任务情景】

最近晓啡学习意式咖啡时发现，意式咖啡的表面往往漂浮着一层稠密、软绵的奶泡，咖啡的香浓配上奶泡的顺滑，令人惊艳。晓啡不由得思考，这些细小的牛奶泡沫是如何制作的呢？

【任务分析】

学习理论知识，观看相关的图片和视频，通过对奶泡打发的意义，牛奶的选择和打发奶泡的方式、技巧与后期处理等知识的学习，了解打发奶泡的器具、技巧及奶泡对于意式咖啡的重要性；通过打发奶泡的实践，掌握规范使用意式半自动咖啡机打发奶泡的方法，并反复练习制作出合格的奶泡。

【知识准备】

一杯美味的牛奶咖啡，离不开奶泡的功劳，漂浮在咖啡杯面上稠密、软绵的奶泡给人带来饮用咖啡时味觉和视觉上的双重享受。打发奶泡可以为意式咖啡带来锦上添花的效果，同时也增加了学习咖啡的乐趣，所以奶泡的制作尤为重要。想要打发出合格的奶泡，需要掌握正确的理论知识和操作流程，并反复地练习。

一、奶泡打发的意义

（1）蒸汽的加温让牛奶的温度发生变化，从而激发牛奶乳糖的香甜感。

（2）香甜的牛奶与咖啡液融合后，奶泡在口中破裂时会形成很好的触感，让咖啡的风味层次更为丰富，同时带来醇厚、顺滑的口感。

（3）优质绵密的奶泡可以提高拉花图案的持久性，让咖啡在观感上更诱人，从而增加饮用者对咖啡的喜爱。

二、牛奶的选择

牛奶有三个主要成分，分别是蛋白质、碳水化合物、脂肪。牛奶的脂肪含量会影响奶泡的口感和稳定性，一般全脂牛奶会带来一层浓郁厚重的奶泡，而脱脂牛奶会带来更多泡沫和更大颗粒的气泡。

但是脂肪含量也不能过多，否则会影响到牛奶中的蛋白质黏附在气泡上的状态，导致奶泡不易打发。脂肪含量过高的牛奶，往往要当温度上升到一定程度时，奶泡才会慢慢产生，不过这样一来就会使得奶泡的温度偏高，从而影响咖啡的口感。所以想要得到优质的奶泡，在选择牛奶的时候就要选择品质较好、蛋白质含量高的牛奶，最好是脂肪含量在 3% ～ 3.8% 的全脂牛奶，这种含量的牛奶打出来的奶泡品质最佳，而且加热起泡也不会有问题。

三、奶泡打发方式

1. 使用意式半自动咖啡机上的蒸汽棒

通过咖啡机上蒸汽棒里的高压热蒸汽，把空气打进牛奶，使牛奶包覆空气，发泡形成泡沫，再利用高压对空气进行旋转切割，把大气泡切割成小泡沫，让牛奶一边膨胀一边升温，从而形成奶泡，如图 4-2-1 所示。

图 4-2-1　奶泡的打发

2. 使用手动打奶器

手动打奶器便于携带，使用的步骤大致如下：

①将冷藏好的牛奶（约 5℃）倒入奶泡壶中，最好不要超过壶的 1/2，否则在制作奶泡的时候牛奶极易因为膨胀而溢出。

②将牛奶加热到 60℃左右，可以直接加热牛奶也可以隔水加热。

③将盖子和滤网盖上，快速抽动滤网将空气压入牛奶中，只要在牛奶表面做动作即可，尽量不要打到底和拉到顶；抽动的次数在 30 下左右即可，不过打的频率要快，牛奶要宁软勿硬形成泡沫，如图 4-2-2、图 4-2-3 所示。

图 4-2-2　向下抽动　　　图 4-2-3　向上抽动

④移开盖子和滤网，用汤匙将表面粗大的奶泡刮掉，留下的就是绵密的奶泡，如图4-2-4、图4-2-5所示。

图 4-2-4 移开盖子

图 4-2-5 刮掉表面粗大的奶泡

四、奶泡打发技巧

1. 奶泡的温度：60℃～70℃

牛奶发泡的同时也是牛奶加热的过程。打发奶泡前，一般会将牛奶冷藏在冰箱中，温度保持在4℃～5℃，这样可以延长加热发泡的时间。通常出品的奶泡最佳温度在60℃～70℃，温度太高，会破坏牛奶分子，从而导致奶泡风味流失，蛋白质凝固，流动性差，产生较大的粗泡沫，丧失部分糖分。温度太低触感和口感不佳，香气不好。

2. 发泡量：20%～25%

在使用蒸汽加热牛奶时会产生奶泡，随着奶泡的产生，牛奶在钢杯中的体积也会因为融合了空气而变大，但是整体上增加的体积是有所限制的，太多或太少对于奶泡的品质都有影响，发泡量以20%～25%为最佳。

如果奶泡太少，在拉花时，会因为手劲不平均而容易影响到奶泡图形与液面的对比或奶泡成形的形状；如果奶泡太多，会影响到在倒奶泡时浓缩咖啡与奶泡的融合品质。

3. 蒸汽管的调试

打开蒸汽管，先空喷喷嘴，再把蒸汽管放入不锈钢拉花缸，这样既可以预热蒸汽管，又可以将管内蒸汽凝结的水滴冲掉。在打开蒸汽开关打发奶泡时，注意不要开得过大，否则牛奶泡沫尚未形成时，牛奶就已沸腾，导致打出的泡沫较少；同样也不能开得太小，蒸汽不足会打不出泡沫。

4. 识别奶泡打发的声音

在打发奶泡时，刚开始会听到"咝咝"的声音，当牛奶温度达到温热时，漩涡将明显出现在牛奶表面，奶泡量同步上升，此时注意要降低拉花缸的位置，使喷嘴头插入牛奶的深度始终保持在0.7 cm，这样做的目的是将奶泡打得更加绵密。直到打发的奶泡升至奶泡壶的九分满或温度达到60℃～70℃时就可以了。如果发出的声音特别刺耳，则表示牛奶打发错误。

五、奶沫后期的处理

奶泡打发完成后，为使奶泡更细腻，一般会采用以下三种方法操作。

一摇：按照顺时针方向轻轻摇晃拉花缸。根据制作的咖啡不同，如果奶泡是用于拉花，那么摇动后的牛奶液面应该呈反光状；如果是用于制作卡布奇诺等奶泡需求较厚的咖啡，摇动后的牛奶液面则应该呈亚光状。反光的奶泡一般表示牛奶与奶泡的融合度较好，且奶泡比较稀薄；亚光则一般表示牛奶与奶泡比较分离，且奶泡较粗。

二敲：用拉花缸轻轻地敲击桌面，可以有效地将奶泡中较粗的泡泡震破，从而使奶泡更加细腻，大多数情况下合格的奶泡轻敲一下就能达到使用要求。

三舀：不管是出于什么目的，舀取奶泡都只是事后补救的一种方法。一般是因为奶泡太粗，不得不将表层刮掉，取用比较细腻的下层。也可能是在打发牛奶时，奶泡打发过多，所以需要舀掉表层，取用底层融合度更好的奶泡。

【任务实施】

打发奶泡。

1. 任务准备

（1）器具及材料准备：意式半自动咖啡机、牛奶 250 mL、拉花缸、干净毛巾。

（2）小组准备：四人一组（一名吧台长、三名吧员）。

2. 操作流程

打发奶泡的流程，如图 4-2-6 所示。

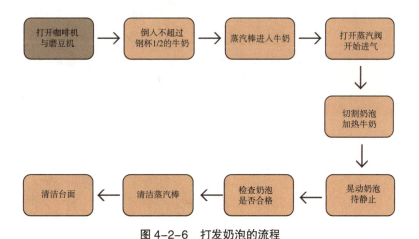

图 4-2-6　打发奶泡的流程

3. 操作步骤

步骤 1：将冷藏好的牛奶倒入拉花缸中。缸杯中的牛奶不应少于 1/3，否则无法打发奶泡，也不应多于 2/3，以避免牛奶在打发过程中溢出，如图 4-2-7 所示。

奶泡的制作

步骤 2：空喷蒸汽棒。调整蒸汽棒角度，让喷嘴稍微倾斜，打开蒸汽阀，清除喷嘴里的残留液体，如图 4-2-8 所示。

图 4-2-7　倒入牛奶　　　　　　　　　　　图 4-2-8　空喷蒸汽棒

步骤 3：蒸汽棒进入牛奶。将蒸汽喷嘴就着 V 形杯嘴放入缸杯中，插入牛奶液面以下约 0.5 ~ 1 cm 处，如图 4-2-9、图 4-2-10、图 4-2-11 所示。持杯者应一手握住杯把，另一只手放在杯底部分保持缸杯平衡，并感受牛奶温度。

图 4-2-9　调整蒸汽棒角度　　　　　　　　图 4-2-10　蒸汽棒进入牛奶

图 4-2-11　奶泡打发点

步骤 4：打开蒸汽阀，开始进气，压力使牛奶液面形成漩涡。牛奶开始膨胀，这时会听到具有代表性的"嗞嗞"声，如图 4-2-12 所示。

图 4-2-12　打开蒸汽阀

步骤 5：切割奶泡，加热牛奶。大约 2 秒后，让蒸汽喷嘴往下深入一点，蒸汽发出的声音会随着奶泡的增加而变小。观察牛奶液面，当奶泡逐渐膨胀细腻，牛奶加热至 55℃～65℃即可关闭蒸汽阀，如图 4-2-13 所示。

图 4-2-13　切割奶泡、加热牛奶

步骤 6：晃动奶泡。在桌子上轻轻敲击拉花缸，再用手腕顺时针旋转拉花缸，直至奶泡呈现出亮丽的光泽、表面的奶泡细腻均匀，如图 4-2-14 所示。

步骤 7：检查奶泡是否合格。奶泡的质地应该像鲜奶油一样柔顺光滑，如图 4-2-15 所示。

图 4-2-14　晃动奶泡　　　　　　图 4-2-15　检查奶泡是否合格

步骤 8：清洁蒸汽棒。用干净毛巾清洁蒸汽棒，释放几秒钟蒸汽以清除蒸汽棒及喷嘴内残留的牛奶，如图 4-2-16 所示。

步骤 9：清洁台面。

图 4-2-16　清洁蒸汽棒

蒸汽棒的清洁与
保养

【任务评价】

分小组使用意式半自动咖啡机制作奶泡，完成实训评价表 4-2-1。

表 4-2-1　意式半自动咖啡机制作奶泡实训评价表

评价项目	要点及标准	分值	小组评价	教师评价
工作人员实训准备（5分）	着符合咖啡师岗位要求的服装	1		
	不留长指甲	1		
	不佩戴夸张首饰	1		
	男生不留长发，耳发不过耳，刘海不过眉；女生不披发，可盘发或束发，刘海不过眉	1		
	面部保持洁净清爽	1		
器具准备（10分）	意式半自动咖啡机、牛奶250 mL、拉花缸、干净毛巾	10		
技能操作（60分）	倒入牛奶，钢杯中的牛奶不应少于1/3，也不应多于2/3	9		
	是否空喷蒸汽棒，调整蒸汽棒角度，让其倾斜，打开蒸汽阀，清除喷嘴里的残留液体	9		
	蒸汽喷嘴就着V形杯嘴放入缸杯中，是否插入牛奶液面以下0.5～1 cm处，持杯者是否一手握住杯把，另一只手放在杯底部分保持钢杯平衡，并感受牛奶温度	9		
	释放蒸汽，打入空气，听嘶嘶声	9		
	蒸汽喷嘴往下深入，蒸汽发出的声音是否随着奶泡增加而变小，牛奶液面奶泡量是否逐渐膨胀细腻，是否将牛奶加热至55℃～65℃	9		
	晃动奶泡，在桌子上轻轻敲击拉花缸，是否顺时针旋转拉花缸直至奶泡呈现出亮丽的光泽	9		
	是否用干净毛巾清洁蒸汽棒，并清除管内残留的牛奶	6		
台面清洁（5分）	整洁、卫生的工作区域	5		
效果（20分）	用汤匙背面拨开奶泡，奶泡至少有1cm厚，质地浓稠绵密，有弹性且表面光亮，具有流动性	20		
总分（100分）	小组评价			
	教师评价			
实训反思				

一、单选题

1.（　　）最适合打发奶泡，用于制作拿铁咖啡。

A.低脂牛奶　　　　　B.脱脂牛奶　　　　　C.甜牛奶　　　　　D.全脂牛奶

2.打发奶泡时需要在拉花缸倒入（　　）的牛奶。

A.不超过拉花缸的1/6　　　　　　　　B.不超过拉花缸的1/3

C.不超过拉花缸的2/3　　　　　　　　D.不超过拉花缸的1/4

3.制作拿铁咖啡时，奶泡的发泡量尽量维持在（　　）以下。

A. 1 cm　　　　　　B. 2 cm　　　　　　C. 3 cm　　　　　　D. 4 cm

4.打发奶泡的时候，牛奶需要加热至（　　）。

A. 35℃～45℃　　　　B. 45℃～55℃　　　　C. 60℃～70℃　　　　D. 65℃～75℃

5.检验卡布奇诺咖啡的奶泡是否合格时，可以用汤匙背面拨开奶泡，奶泡至少要有（　　）以上，质地浓稠而且有弹性。

A. 1 cm　　　　　　B. 2 cm　　　　　　C. 3 cm　　　　　　D. 4 cm

二、判断题（判断正误，正确的打"√"，错误的打"×"）

1.蒸汽的加温让牛奶的温度变化，激发牛奶乳糖的香甜感。（　　）

2.优质绵密的奶泡支撑不了多久的拉花，让咖啡在观感上更诱人，增加饮用者对咖啡喜爱。（　　）

3.打开蒸汽开关，开到最大，增加进气量，否则就打不出泡沫了。（　　）

4.牛奶的种类会直接影响打发奶泡的发泡量。（　　）

5.不同品类的牛奶咖啡所需奶泡厚薄不一。（　　）

三、实践操作

1.分小组使用以下三种不同温度的奶泡制作拿铁咖啡，品尝三杯拿铁咖啡的口感及风味，完成表4-2-2。

表4-2-2　使用三种不同温度的奶泡制作拿铁咖啡

奶泡的温度	奶泡的口感、甜度	奶泡的厚薄	咖啡的风味
30℃～40℃			
50℃～60℃			
65℃～70℃			

2.对比卡布奇诺和拿铁咖啡，在拉花时所需的奶泡厚薄，根据进气量的多和少，来练习打发厚薄不同的奶泡，完成表4-2-3。

表4-2-3 卡布奇诺和拿铁咖啡的奶泡制作

咖啡名称	奶泡跟牛奶大概比例	所需奶泡厚还是薄	进气大概所需时间
卡布奇诺			
拿铁			

任务3 咖啡拉花

【任务情景】

晓啡发现咖啡师在制作意式咖啡时，通常会在咖啡表面"作画"，常见的有树叶、花朵、小动物、心形等图案，如图4-3-1、图4-3-2所示。作为一名咖啡爱好者，晓啡对此产生了浓厚的兴趣，恰好咖啡厅也希望晓啡能为顾客拉花，于是她便找到吧台咖啡师想要交流求教。

图4-3-1 心形拉花

图4-3-2 郁金香形拉花

【任务分析】

学习理论知识，观看相关的图片和视频，通过对咖啡拉花的概念、原理及方法，拉花缸的选择与运用，咖啡杯的拿法，咖啡拉花的融合、基础图案及技巧等知识的学习，了解拉花的基本方法与步骤；通过制作心形拉花图案咖啡的实践，掌握基础图案的成形技巧，并反复练习制作出合格的拉花图案。

【知识准备】

拉花原理及方法

一、咖啡拉花的概念与原理

咖啡拉花是用发泡后的牛奶，在还未产生牛奶与奶泡分离的状态下，利用熟练的技巧，通过控制拉花缸的高低、不同的晃动幅度、注奶角度及速度，使奶泡在咖啡上形成不同的图案。拉花分为两个阶段：融合与出图。其原理是：浓缩咖啡在制作过程中会产生油脂，油脂密度低，会浮于咖啡液表面；而牛奶在打发过程中会产生奶泡，奶泡密度低，会浮于牛奶表面。当两者相互交融时，牛奶与咖啡液会下沉，奶泡与油脂会浮于混合液体的表面从而形成不同的花形。

二、咖啡拉花的方法分为倒入成形法、手绘成形法

倒入成形法是向杯内注入牛奶来完成图案的绘制，简称拉花，如图 4-3-3 所示。手绘成形法是在咖啡和奶泡充分融合后，使用拉花钢针进行手绘来完成图案的绘制，简称雕花，如图 4-3-4 所示。

图 4-3-3 拉花

图 4-3-4 雕花

三、拉花缸的选择和运用

1. 拉花缸的选择

选择合适的拉花缸对拉花有着重要影响。我们可以从容量、缸嘴形状、缸把形状、拉花缸的材质、拉花缸的价格等多个方面进行考虑，从而选择一个适合自己的最佳拉花缸。

（1）拉花缸的容量。

市面上的拉花缸容量一般有 350 mL、450 mL、500 mL、600 mL、800 mL、1 000 mL，如图 4-3-5 所示。还有容量更大一点的 2 000 mL 的拉花缸，由于使用率较低，在市面上不多见。至于要选择多大

的拉花缸，主要还是根据咖啡杯的容量来确定。如果是 200 mL 左右的咖啡杯，那拉花缸就可以选择 300 ~ 500 mL 的；300 mL 左右的咖啡杯，拉花缸可以选择 450 ~ 600 mL 的；500 mL 左右的咖啡杯，拉花缸可以选择 600 ~ 800 mL 的。

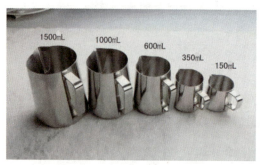

图 4-3-5　不同容量的拉花缸

（2）拉花缸的嘴型。

缸嘴的形状在很大程度上决定了能出什么花型，一般有尖嘴、圆嘴、弯嘴、长嘴、斜口、平嘴、超宽嘴等。

尖嘴拉花缸出口较深，出口流量小便于控制流速，在摆动过程中可以均匀用力，适合需要压纹的图案，或者如压纹郁金香、树叶、小麦穗等线条比较细的花形，如图 4-3-6 所示。圆嘴拉花缸出口较宽、较浅，出口流量略大，奶泡流出的会比较集中，适合讲求注入点精确、圆润丰盈的拉花，比如爱心、郁金香、推心等常规图案，如图 4-3-7 所示。

图 4-3-6　尖嘴拉花缸　　　　图 4-3-7　圆嘴拉花缸

在选择拉花缸的时候除了考虑以上两方面，还要注意拉花缸的材质。市场上大多数的拉花缸都是不锈钢材质的，导热性好，在打奶泡时可以让咖啡师迅速感知牛奶的温度。也有特氟龙涂层的拉花缸，实用性较强，能长期使用，其温度敏感度也刚刚好。

2. 拉花缸的握法

（1）握把手。

用所有手指握住拉花缸的手柄，适合手指力量不强的人，相对较稳定，如图 4-3-8 所示。

图 4-3-8　握把手

（2）捏把手。

用食指和大拇指握住拉花缸的手柄，适合手指力量足够的人，便于练习控流，如图 4-3-9 所示。

图 4-3-9　捏把手

（3）握缸身。

除了以上两种常用方法以外，还可以用整手握住拉花缸缸身的下半部分，或者用大拇指跟食指握住拉花缸的缸身可以进行较大的晃动，但灵活度不高，不易控制，不建议作为习惯手势，如图 4-3-10 所示。

拉花缸&咖啡杯
拿法

图 4-3-10　握缸身

四、咖啡杯的拿法

1. 全包型

这种拿法优势在于能拿稳杯子，但不易于旋转，适合用于需要压纹的图案，如图 4-3-11 所示。

图 4-3-11　全包型

2. 手指拿杯

这种拿法和全包型很像，是用五个手指拿取杯子，且掌心保持留空。优势在于拿稳杯子的同时还可以利用手指旋转杯子做微调，但对手指和手腕的力量与灵敏度有一定要求，如图 4-3-12 所示。

图 4-3-12　手指拿杯

3.侧面虎口拿杯

比较适合用于高杯子，缺点是不利于对咖啡杯进行细微的控制，适合做简单的组合图，如图 4-3-13 所示。

图 4-3-13 侧面虎口拿杯

4.拿杯耳

这种拿法的好处在于避免了手触杯口的情况，且旋转比较灵活，适合做各种的组合图，但如果出品的杯量较大，则不适用于手指力量不强的人，如图 4-3-14 所示。

图 4-3-14　拿杯耳

五、咖啡拉花的融合

在咖啡拉花中，融合是指将打发好的牛奶和咖啡浓缩液均匀地混合在一起。好的融合结果是液面干净、有光泽，表面颜色一致，这样不仅有利于花形的美感，也会丰富这杯咖啡的口感。

1. 融合的手法

一字融合法，以一字的动作在液面左右摆动让牛奶和浓缩液混合，如图 4-3-15 所示。

画圈融合法，以椭圆形顺时针或逆时针画圈搅拌，使倒入的牛奶更好地与浓缩咖啡融合，如图 4-3-16 所示。

定点融合法，在液面中间点注入且保持持续注入，只需晃动咖啡杯，让奶泡和浓缩咖啡液融合得更充分均匀，如图 4-3-17 所示。

拉花融合的方法

图 4-3-15　一字融合

图 4-3-16　画圈融合

图 4-3-17　定点融合

以上三种融合方法各有优缺点，就融合的状态和均匀程度来说，效果最好的是画圈融合法。在这种方法下，融合的面积越大越容易使奶泡和咖啡充分融合，对咖啡拉花的制作也更有帮助。

2. 融合的要点

（1）注入高度：融合时需要抬高拉花缸，避免破坏油脂的干净和颜色。一般缸嘴同咖啡液面的距离在 5 ～ 10 cm。

（2）奶流大小：指流入咖啡中奶柱的粗细，一般以较细的流量进行融合，目的是为了保证在奶泡和咖啡充分融合的同时，不会破坏油脂的干净程度和颜色。

（3）融合量：融合量的多少取决于拉花的图案，复杂图案融合少，简单图案融合多。融合量越少，杯内液面流动性越好，越有利于压纹。

（4）融合的速度与节奏：融合速度的快慢，会影响咖啡的浓淡口感。而节奏的快慢，则会影响到一杯咖啡的整体表现，及拉花时的图案呈现效果。

六、咖啡拉花中的基础图案

1. 心形图案拉花技巧

（1）选点，注入点约为杯口的 1/3 处，开始注入时采用小流量注入，融合至咖啡杯五分满。

（2）降低拉花缸，加大流量，左右轻摆拉花缸，并缓缓回正咖啡杯。

（3）收尾时，提高拉花缸，小流量直线收出，即可拉出心形图案，如图 4-3-18 所示。

图 4-3-18　心形图案

2. 树叶图案拉花技巧

（1）选点，可以选择从中心点开始注入。

（2）当咖啡表面开始有泛白现象时，加大倒入牛奶的量，同时轻柔地摆动拉花缸至出现纹理，继续保持摇晃，加大奶柱流量，拉花缸慢慢向后退。

（3）收尾时，将拉花缸提高到距离咖啡大约 5 cm 的位置，收细牛奶流量的同时，往前推出一道叶茎，即可拉出树叶图案，如图 4-3-19 所示。

树叶拉花

图 4-3-19　树叶图案

3. 郁金香图案拉花技巧

（1）选点，找到杯子的中间点，靠近杯子将流量加到最大，直至咖啡表面出现白球即可停止注入。

（2）第二次注入点要靠后一些，大流量注入，出现白球即可停止注入。

（3）重复多次以上步骤。当最后一个球出现后，马上变小牛奶流量，一条直线收出，即可拉出郁金香图案，如图 4-3-20 所示。

图 4-3-20　郁金香图案

七、咖啡拉花技巧

1. 适当的拉花时机

所谓的拉花时机，取决于拉花图案的复杂程度。若绘制的图形较大、较复杂时，就需要更多的作图空间，建议在融合至五分满时，就将拉花钢的嘴部靠近咖啡表面，使拉花成形。

2. 注入的高低差

拉花的技巧与融合技巧恰好相反。融合时，牛奶由高处注入，由于高低落差，增加了奶泡向下的冲击力，使奶泡不会浮起而是向下被带入油脂中与咖啡融合。拉花时，牛奶从较低的高度注入，以减缓奶泡向下的冲力，让质地较轻的奶泡浮起，并在咖啡表面形成清晰的图案。

3. 牛奶柱的粗细与注入角度

融合时，牛奶需要保持细小的奶柱，从高处注入与咖啡融合。拉花时，则要降低拉花缸高度，使奶泡柱变粗并在咖啡液面堆叠成形。

4. 落点与轨迹

不同的图案最终落点不一样。例如，拉树叶的时候落点应该在液面的中心，而心形则是在液面的 1/3 处。

【任务实施】

制作一杯心形拉花图案的咖啡。

咖啡拉花练习的方法

1. 任务准备

（1）器具及材料准备：意式半自动咖啡机、意式拼配豆、磨豆机、牛奶 250 mL、拉花缸、咖啡杯。

（2）小组准备：四人一组（一名吧台长、三名吧员）。

2. 操作流程

心形拉花的制作流程，如图 4-3-21 所示。

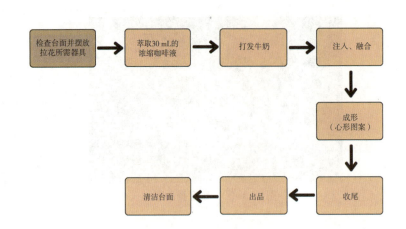

图 4-3-21　心形拉花的制作流程

3. 操作步骤

步骤 1：准备工作。清洁台面并摆放拉花所需器具，如图 4-3-22 所示。

步骤 2：萃取浓缩咖啡。使用磨豆机将咖啡豆研磨成粉，并操作意式半自动咖啡机萃取 30g 的意式浓缩咖啡，如图 4-3-23 所示。

图 4-3-22　准备工作

图 4-3-23　萃取浓缩咖啡

步骤 3：制作奶泡。将蒸汽棒插入牛奶，奶缸斜倾 45°，使蒸汽棒从牛奶液面的中心点插入牛奶。打开蒸汽棒阀门制作奶泡，如图 4-3-24 所示。

步骤 4：注入、融合。将打发好的奶泡注入咖啡杯，提高、融合、拉花，如图 4-3-25 所示。

图 4-3-24　制作奶泡

图 4-3-25　融合

步骤 5：成形。画圈至五分满时，降低拉花缸，定点、加大流量，并缓缓回正咖啡杯，使奶泡在咖啡表面成形，如图 4-3-26 所示。

步骤 6：收尾。当快满杯的时候，提高拉花缸、变细流量、快速收尾，干净的全白心即可完成，如图 4-3-27 所示。

图 4-3-26　成形

图 4-3-27　收尾

步骤 7：配杯碟、咖啡勺出品，如图 4-3-28 所示。

图 4-3-28　出品

步骤 8：清洁台面。

【任务评价】

分小组使用意式半自动咖啡机和拉花缸练习咖啡心形拉花，完成实训评价表 4-3-1。

表 4-3-1　咖啡心型拉花实训评价表

评价项目	要点及标准	分值	小组评价	教师评价
工作人员实训准备（5分）	着符合咖啡师岗位要求的服装	1		
	不留长指甲	1		
	不佩戴夸张首饰	1		
	男生不留长发，耳发不过耳，刘海不过眉；女生不披发，可盘发或束发，刘海不过眉	1		
	面部保持洁净清爽	1		
器具准备（10分）	意式半自动咖啡机、意式拼配豆、磨豆机、牛奶250 mL、拉花缸、咖啡杯	10		

续表

评价项目	要点及标准	分值	小组评价	教师评价
技能操作（60分）	恰当的咖啡豆研磨度	6		
	一杯合格的意式浓缩咖啡	6		
	使用恰当的拉花缸	4		
	正确的握拉花缸手法	4		
	正确的牛奶温度	6		
	正确的拉花的手臂动作	6		
	正确融合牛奶、咖啡液	6		
	心形图案成形时，牛奶注入点正确	6		
	心形图案成形时，正确降低缸杯	6		
	心形图案收尾时，正确提高缸杯，减小流量，快速收出	6		
	制作过程中是否有清洁意识	4		
台面清洁（5分）	整洁、卫生的工作区域	5		
效果（20分）	恰当的奶泡厚度	5		
	恰当的奶泡温度	5		
	液面干净，牛奶和咖啡恰当融合	5		
	图案完整美观	5		
总分（100分）	小组评价			
	教师评价			
实训反思				

一、单选题

1.做咖啡拉花比较适合哪种杯形（　　）？

A.高身方底杯　　　　B.玻璃水杯　　　　C.矮身圆底杯　　　　D.高脚杯

2.融合时，缸嘴距离咖啡液面的距离最好在（　　）。

A.1～2 cm　　　　B.5～10 cm　　　　C.10～15 cm　　　　D.15～20 cm

3.心形拉花开始作图时杯子里的咖啡量是（　　）。

A.八分满　　　　　　B.六分满　　　　　　C.四分满　　　　　　D.二分满

4.制作树叶形状和桃心形状最大的动作区别是（　　）。

A.摇摆　　　　　　B.前推　　　　　　C.后退　　　　　　D.上提

二、判断题（判断正误，正确的打"√"，错误的打"×"）

1.学习拉花只要掌握技巧，并不需要过多练习，很快就可以成功。（　　）

2.做拉花的咖啡需要使用油脂较好的意式浓缩咖啡，而不是单品咖啡。（　　）

3.尖嘴拉花缸适合做压纹，或者线条比较细的花形。（　　）

4.在进行咖啡拉花融合时，需将打发的奶泡从较低的高度注入。（　　）

三、实践操作

通过网络查找资料，了解千层心图案和树叶图案的拉花方法，并通过实践操作，分别制作出一杯千层心图案和树叶图案的拿铁咖啡，完成实训评价表4-3-2。

表4-3-2　千层心和树叶图案的拉花实训评价表

图案	评价标准	分值(100分)	小组评价	教师评价
千层心图案	奶泡的厚度、温度	15		
	牛奶和咖啡的融合度	10		
	奶泡的持久性	10		
	液面是否干净，图案是否完整美观	15		
树叶图案	奶泡的厚度、温度	15		
	牛奶和咖啡的融合度	10		
	奶泡的持久性	10		
	液面是否干净，图案是否完整美观	15		
总分	小组评价			
	教师评价			
实训反思				

任务4　卡布奇诺和拿铁的制作

【任务情景】

卡布奇诺和拿铁是最受欢迎的咖啡，也是咖啡馆必备的经典咖啡。拿铁和卡布奇诺是由咖啡浓缩液与牛奶混合而成的意大利咖啡，奶泡的香甜加上咖啡豆的浓香，这样的咖啡让人们流连忘返。那么卡布奇诺和拿铁又有什么区别呢？下面就跟随晓啡一起来学习吧。

【任务分析】

学习理论知识，观看相关的图片和视频，通过对卡布奇诺的含义、起源、分类与制作技巧，拿铁的含义与起源等知识的学习，了解卡布奇诺和拿铁的制作方法与区别；通过制作卡布奇诺的实践，掌握卡布奇诺的制作流程与技巧，并反复练习制作一杯合格的卡布奇诺咖啡。

【知识准备】

一、卡布奇诺的含义及起源

卡布奇诺是一种以等量的意式浓缩咖啡液和蒸汽泡沫牛奶混合而成的咖啡饮品，如图4-4-1所示。卡布奇诺最初起源于18世纪维也纳的一家咖啡馆，是由咖啡和鲜奶油或糖制成的。20世纪浓缩咖啡机被发明后，由咖啡浓缩液和牛奶制成的卡布奇诺首次在意大利出现，并于20世纪30年代在美国广泛传播，深受人们喜爱，被正式命名为卡布奇诺。

卡布奇诺咖啡

图4-4-1　卡布奇诺

传统的卡布奇诺咖啡有三分之一浓缩咖啡，三分之一蒸汽牛奶和三分之一泡沫牛奶，并在上面撒上小颗粒的肉桂粉末。厚厚的奶泡可以提供绵密口感，而在奶泡覆盖之下，液量相当的牛奶避免了过度冲淡咖啡，因此卡布奇诺的咖啡风味较为浓郁。

二、卡布奇诺的分类

卡布奇诺根据其浓缩咖啡、牛奶、奶泡三者之间的比例差异，分为干卡布奇诺和湿卡布奇诺。

1.干卡布奇诺

干卡布奇诺的浓缩咖啡、牛奶、奶泡三者之间的比例为 1 : 1 : 1，奶泡与牛奶完全分离，奶泡较多，牛奶相对较少，喝起来咖啡味比奶味更浓郁，在口腔里的泡沫感更丰富，如图 4-4-2 所示。

2.湿卡布奇诺

湿卡布奇诺的浓缩咖啡、牛奶、奶泡三者之间的比例为 0.5 : 2 : 0.5，奶泡与牛奶并未完全分离，奶泡较少，牛奶相对较多，奶味大于浓郁的咖啡味，喝起来有比较湿润的泡沫感，如图 4-4-3 所示。由于牛奶的比例较大，所以液体的流动性更强，更加有利于拉花图案的呈现。

图 4-4-2　干卡布奇诺　　　　　图 4-4-3　湿卡布奇诺

三、卡布奇诺的制作技巧

1.使用冷藏鲜牛奶

鲜牛奶能更完整地保留牛奶中的蛋白质和乳脂。蛋白质是形成奶泡的关键，而乳脂能进一步稳定奶泡并减缓其破裂速度，同时还能为咖啡增加醇厚的口感。

2.奶泡的打发厚度

卡布奇诺的奶泡最厚，一般为 1 ~ 2 cm。卡布奇诺最明显的特征就是奶泡高于杯子，呈现一个突出的奶盖状。

3.杯子的选择

卡布奇诺杯一般选用厚壁的瓷杯，主要是为了保证良好的保温性能，杯底和杯口的直径差别不会很大，所以杯壁的温度一般在 100℃ 左右。

四、拿铁的含义及起源

拿铁，在意大利语中意为"牛奶"。常见的拿铁咖啡是以意式浓缩咖啡作为基底，然后加入牛奶混合而成，如图4-4-4所示。牛奶中和了浓缩咖啡的浓苦味，使拿铁咖啡整体风味较为柔和平衡，更突出了咖啡的香浓与牛奶的乳糖感。制作拿铁咖啡的奶泡一般以0.5 cm的厚度为标准，且奶泡表面细腻，呈反光状，入口丝滑，这样的奶泡通常能制作出好看的咖啡拉花图案。

拿铁咖啡

图4-4-4　拿铁

拿铁自问世以来就深受人们的喜爱。第一位把牛奶加入咖啡中调制出拿铁的是维也纳人柯奇斯基，他也是第一位在维也纳开咖啡馆的人。在维也纳的空气里，永远都飘荡着音乐和拿铁咖啡的香气。著名的咖啡名句"我不在咖啡馆，就在去咖啡馆的路上"也由此而广为流传。

五、卡布奇诺与拿铁的区别

卡布奇诺与拿铁的区别

1. 比例不同

卡布奇诺是由1/3的浓缩咖啡、1/3的蒸汽牛奶和1/3的奶泡混合而成的。拿铁是由1/3的浓缩咖啡和2/3的蒸汽牛奶混合而成。

2. 口感不同

卡布奇诺通常呈现出浓郁的咖啡香气、柔和的牛奶味道，其更重奶泡的细腻口感，以及与咖啡交融后咖啡、牛奶同绵密浓稠的奶泡层层相叠产生的复合口味，层次感较好。拿铁通常呈现出柔和的咖啡香气、丰富的牛奶味道，其奶味更重，主要是体现牛奶与咖啡的融合口感。

3. 奶泡不同

卡布奇诺的奶泡比较浓密，厚度为1～2 cm，可以用勺子挖起来。拿铁的奶泡比较轻薄，厚度一般为0.5～1 cm，会随着牛奶一起倒入杯中。

【任务实施】

制作一杯卡布奇诺咖啡。

1. 任务准备

（1）器具及材料准备：意式半自动咖啡机、意式拼配豆、磨豆机、牛奶250 mL、咖啡杯、拉花缸、计时器、毛巾、粉刷。

（2）小组准备：四人一组（一名吧台长、三名吧员）。

2. 操作流程

卡布奇诺的制作流程，如图 4-4-5 所示。

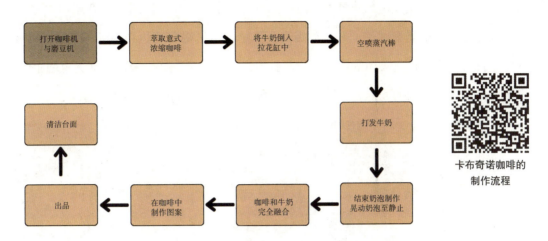

卡布奇诺咖啡的
制作流程

图 4-4-5 卡布奇诺的制作流程

3. 操作步骤

步骤 1：制作意式浓缩咖啡。使用磨豆机将咖啡豆研磨成粉，通过意式半自动咖啡机制作一杯浓缩咖啡，如图 4-4-6 所示。

步骤 2：将牛奶倒入拉花缸中，如图 4-4-7 所示。

图 4-4-6 制作意式浓缩咖啡

图 4-4-7 倒入牛奶

步骤 3：空喷蒸汽棒。排空蒸汽棒里的水分，以免蒸汽棒的水分过多，影响到奶泡的质量，如图 4-4-8 所示。

图 4-4-8 空喷蒸汽棒

步骤 4：牛奶发泡。蒸汽棒进入牛奶液面时，稍微倾斜拉花缸，从 3 点钟方向或者 9 点钟方向，插入牛奶液面以下约 1 cm 处。蒸汽棒与液面需要形成 45° 的夹角，便于牛奶在发泡时旋转形成漩涡，牛奶在旋转中与空气充分接触并将大气泡切割成为细小的奶沫，如图 4-4-9 所示。

步骤 5：结束奶泡制作，并晃动奶泡至静止。当牛奶温度达到 60℃～70℃、奶泡打到相应需求量则停止打发奶泡，迅速关闭蒸汽阀将拉花缸取出，在桌子上轻轻敲击奶缸，再用手腕顺时针晃动拉花缸直至奶泡呈现出亮丽的光泽、表面的奶泡细腻均匀方可，如图 4-4-10 所示。

图 4-4-9　牛奶发泡

图 4-4-10　结束奶泡制作

步骤 6：咖啡与牛奶的完全融合。将咖啡杯倾斜 45°，在浓缩咖啡液面的中心点注入奶泡，以画圈的方式进行牛奶与咖啡的融合，如图 4-4-11 所示。

图 4-4-11　咖啡与牛奶的融合

步骤 7：在咖啡中制作图案。当牛奶融合至咖啡杯的六至八成满时，降低拉花缸高度，贴近咖啡液面中心加大流量，利用手腕进行左右晃动，制作出想要的图案，如图 4-4-12 所示。

图 4-4-12　制作图案

步骤 8：配杯碟、咖啡勺出品，如图 4-4-13 所示。也可以再撒上肉桂、豆蔻粉装饰，丰富咖啡风味。

图 4-4-13　出品

步骤 9：清洁台面。

【任务评价】

分小组使用意式半自动咖啡机制作卡布奇诺咖啡，完成实训评价表 4-4-1。

表 4-4-1　卡布奇诺咖啡实训评价表

评价项目	要点及标准	分值	小组评价	教师评价
工作人员实训准备（5分）	着符合咖啡师岗位要求的服装	1		
	不留长指甲	1		
	不佩戴夸张首饰	1		
	男生不留长发，耳发不过耳，刘海不过眉；女生不披发，可盘发或束发，刘海不过眉	1		
	面部保持洁净清爽	1		
器具准备（10分）	意式半自动咖啡机、意式拼配豆、磨豆机、牛奶250 mL、咖啡杯、拉花缸、计时器、毛巾、粉刷	10		
技能操作（60分）	恰当的咖啡豆研磨度	6		
	一杯合格的意式浓缩咖啡	6		
	使用恰当的拉花缸	4		
	正确的握拉花缸手法	4		
	正确的牛奶温度	6		
	正确的选点注入	6		
	正确的融合	6		
	正确的拉花手臂动作	6		
	正确的拉花缸晃动和收尾	6		
	黄金圈的正确方向和成形	6		
	制作过程中是否有清洁意识	4		
台面清洁（5分）	整洁、卫生的工作区域	5		
效果（20分）	恰当的奶泡厚度和温度	4		
	液面干净，牛奶和咖啡恰当融合	4		
	咖啡图案完整美观	4		
	咖啡口感（质地、体脂感、温度）	4		
	咖啡的平衡度	4		

续表

评价项目		要点及标准	分值	小组评价	教师评价
总分（100分）	小组评价				
	教师评价				
实训反思					

练习与实践

一、单选题

1.（　　）是Cappuccino的中文译名。

A.卡布奇诺　　　　　B.拿铁咖啡　　　　　C.摩卡咖啡　　　　　D.康宝蓝咖啡

2.传统的卡布奇诺咖啡，咖啡、牛奶、奶沫的比例是（　　）。

A.1：2：2　　　　　B.1：2：1　　　　　C.1：1：2　　　　　D.1：1：1

3.关于一杯合格卡布奇诺咖啡的操作要领，下列叙述正确的是（　　）。

A.将打好奶沫的牛奶用拉花的手法注入盛有意式浓缩咖啡的卡布奇诺杯中

B.将牛奶注入盛有意式浓缩咖啡的卡布奇诺杯中，至八分满

C.先将打好奶沫的牛奶倒入卡布奇诺杯中，再倒入加糖的意式浓缩咖啡

D.小心用绵密的奶沫覆盖表面直至杯口

4.拿铁的奶泡和卡布奇诺的奶泡相比，更加具有（　　）。

A.绵密性　　　　　B.厚实性　　　　　C.流动性　　　　　D.层次性

5.制作拿铁时，拉花缸的温度要控制好，主要原因是为了防止（　　）物质消失，从而影响到拿铁咖啡的口感。

A.气泡　　　　　B.奶泡　　　　　C.水分　　　　　D.乳糖

二、判断题（判断正误，正确的打"√"，错误的打"×"）

1.一杯卡布奇诺咖啡是由咖啡、牛奶、奶沫和奶油组成的。（　　）

2.传统卡布奇诺咖啡的杯量要为杯子的十一分满，而且要达到满而不溢的效果。（　　）

3.拿铁的奶泡厚度为 1 ~ 2 cm。（　　）

4.拿铁咖啡的基础感官特征表现为牛奶香气浓郁，口感丝滑、醇厚。（　　）

三、实践操作

各小组分别制作一杯卡布奇诺和拿铁咖啡，完成表4-4-2。

表4-4-2　卡布奇诺和拿铁咖啡制作对比

咖啡名称	原材料及比例	奶泡的厚度	杯量	口感、风味
卡布奇诺				
拿铁				

任务5　意式咖啡饮品的展示与推荐

【任务情景】

咖啡丰富了我们的生活。这种滋味丰富的饮品让处于紧张工作和生活的人们找到了一个适合的方式释放内心的压抑，汲取外界的温暖。对喜爱咖啡的人们来说，经典意式咖啡不仅是味觉、视觉上的双重享受，也是一种别具一格的咖啡艺术。下面就让晓啡带着大家一起来认识几款经典的意式咖啡吧。

【任务分析】

学习理论知识，观看相关的图片和视频，通过对意式咖啡饮品常用的原料基础、制作原则，经典意式咖啡类别等知识的学习，了解意式咖啡饮品和几款经典意式咖啡的制作方法；通过制作馥芮白咖啡的实践，掌握馥芮白咖啡的制作流程与技巧，并通过练习合格出品。

【知识准备】

一、意式咖啡饮品常用的原料基础

1.咖啡基底

在意式咖啡饮品中，浓缩咖啡液是所有意式咖啡的基底，一般常用的浓缩咖啡基底有意式浓缩咖啡和意式特浓咖啡，如图4-5-1所示。一杯意式浓缩咖啡只有30 g左右，具有强烈的口感和浓郁的香气；而意式特浓咖啡是一个整体萃取时间较短的浓缩咖啡，以它为基底制作的咖啡通常苦味偏弱，甜味更明显，风味更复杂，口感上会更加刺激。

图4-5-1　浓缩咖啡液

2.原材料类型

常见的原料除了各类咖啡豆外，还有如牛奶、椰奶、燕麦奶等奶制品，以及糖浆、巧克力酱、可可粉、肉桂粉、冰激凌、奶油、其他酒精类等使咖啡风味更丰富的辅料。

二、意式咖啡饮品的制作原则

每一款咖啡都有其独特的特点，每一个细微的变化都有它丰富的内涵，这恰恰是咖啡让人着迷的地方。从纯粹浓烈的意式浓缩咖啡到充满艺术的拿铁拉花，从完美醇香的卡布奇诺到冰火交融的阿芙佳朵，每款经典的咖啡都有数百年的历史文化值得我们学习、研究。制作一款意式咖啡饮品并不难，需要遵循以下原则：

1.了解不同咖啡的差异和不同的制作方法给咖啡口感带来的影响

作为一名咖啡师，除了具备专业的理论和技能知识外，还应该不断地学习和品鉴，以加深对咖啡的了解。想要明晰不同咖啡饮品之间的差异，就需要通过不同的制作方法去实践探索。

2.了解各种原料的特性和食用方法，学会处理原材料

咖啡制作是一门艺术。不同原料间的搭配会给咖啡带来不一样的感受，这就需要我们去了解各种原料的特性与食用方法，并通过恰当的处理，不断尝试新的制作方法和配方去调制咖啡，为顾客带来更多的惊喜和享受。

3.根据人们的口味特点、饮食习惯，适当调配原料之间的比例

每个人的味蕾都存在一定的差异。有的人感受酸味强一些，有的人感受甜味强一些，再加上人们饮食习惯、生活方式的不同，使得咖啡带给人们的感受也不尽相同。这也是我们在制作咖啡时，需要考虑的因素。因此在调制咖啡时，我们可以根据人们的不同喜好来调整原料之间的比例，以获得创新性的风味。

三、经典意式咖啡推荐及展示

1. 拿铁咖啡

拿铁咖啡（Coffee Latte）即牛奶咖啡，如图4-5-2所示。因为拿铁咖啡中牛奶的含量较大，所以牛奶味道会比咖啡味道明显，少量的奶泡让拿铁咖啡的口感更加细腻顺滑。

图4-5-2　拿铁咖啡

（1）原料及配方：1 cm奶泡、210 mL牛奶、30 mL浓缩咖啡。

（2）制作方法：

①萃取30 mL浓缩咖啡至杯中。

②将210 mL牛奶倒入拉花缸中，并打发牛奶，温度至60℃～70℃。

③将打发好的牛奶缓缓注入咖啡杯中，当融合至五分满时，拉花成形。

④出品。

2. 热美式

杯中萃取上浓缩液，再加入65℃～75℃的热水就是一杯热美式，如图4-5-3所示。热美式香气活跃，口感浓郁醇厚，适合在冬季或清晨享用。

图4-5-3　热美式

（1）原料及配方：200 mL热水（75℃）、30 mL浓缩咖啡。

（2）制作方法：

①萃取30 mL浓缩咖啡至杯中。

②在杯中倒入热水。

③出品。

3. 卡布奇诺

卡布奇诺（Cappuccino）即在意大利特浓咖啡的基础之上，加上一层厚厚的起沫的牛奶，如图4-5-4所示。品味卡布奇诺时，第一口可以感觉到浓郁的奶泡香甜和酥软感，第二口可以感受到咖啡豆原有的苦涩和浓郁，最后当卡布奇诺的独特风味停留在口中时，又会感受到口腔里多了一份咖啡的香醇和隽永。卡布奇诺具有让人无法抗拒的独特魅力。

图4-5-4　卡布奇诺

（1）原料及配方：200 mL牛奶、30 mL浓缩咖啡。

（2）制作方法：

①萃取30 mL浓缩咖啡至杯中。

②将200 mL牛奶倒入拉花缸中，并打发牛奶，温度至60℃～70℃。

③将打发好的牛奶缓缓注入咖啡杯中，当融合至五分满时，拉花成形。

④出品。

4. 焦糖玛奇朵

玛奇朵（Macchiato）在意大利语中意为"印记"。从萃取出醇厚的浓缩咖啡液，到添加风味糖浆，再到蒸煮打发牛奶，直到最后以独特的焦糖雕花装饰，都是属于玛奇朵的独有印记，如图4-5-5所示。

图 4-5-5　焦糖玛奇朵

（1）原料及配方：雕花焦糖酱、250 mL牛奶、30 mL浓缩咖啡、15 mL焦糖糖浆。

（2）制作方法：

①将焦糖糖浆放入咖啡杯中搅匀后，再倒入浓缩咖啡。

②将牛奶放入拉花缸中，打成绵密奶泡。

③用勺子挡住奶泡，靠近杯沿缓慢倒出牛奶，与咖啡进行融合。

④将剩余的奶泡贴着咖啡液面注入。

⑤用焦糖酱在奶泡表面进行雕花装饰。

⑥出品。

5. 阿芙佳朵

阿芙佳朵（Affogato）意为"淹没"，如图4-5-6所示。将浓缩咖啡浇到香草牛奶冰激凌上即为阿芙佳朵。微微融化的冰激凌托起咖啡，甜蜜融合酸苦，温热淹没冰凉，形成阿芙佳朵风味复杂又甜美的优雅口感。

图 4-5-6　阿芙佳朵

（1）原料及配方：香草雪糕球、30 mL浓缩咖啡。

（2）制作方法：

①将玻璃杯洗净，放入冰箱中冷藏约15min，并在准备饮品前取出。

②将香草雪糕球放入玻璃杯底。

③在雪糕球表面倒入浓缩咖啡液。

④装饰，出品。

6.Dirty 咖啡

Dirty 咖啡，又名污咖啡、脏咖啡，如图 4-5-7 所示。当浓缩咖啡缓缓倒入冰博客牛奶的上层时，咖啡液慢慢渗透到牛奶中，形成自然的颜色分层。从外观看，杯子四周的纯白色牛奶像是被渲染上了焦糖的颜色，看起来感觉是白色沾染上"颜料"被弄脏了，所以起名为 Dirty 咖啡。

（1）原料及配方：120 mL 冰博客、20 mL 特浓咖啡。

（2）制作方法：

①将玻璃杯冷藏，使杯子变凉。

②在冰杯中放入八分满的冰博客牛奶，图 4-5-8 所示。

③将杯子直接放在意式半自动咖啡机下，萃取出 20 mL 特浓咖啡，让浓缩咖啡直接流入牛奶。

④出品。

图 4-5-7　Dirty 咖啡　　　　图 4-5-8　冰博客牛奶

7. 短笛

短笛拿铁（Piccolo Latte）源自澳大利亚，如图 4-5-9 所示。由于短笛拿铁采用的浓缩咖啡是意式特浓咖啡，杯量小，牛奶和咖啡也比常见的意式拿铁少，故短笛咖啡又称小拿铁。

图 4-5-9　短笛

（1）原料及配方：70 mL 牛奶、20 mL 特浓咖啡。

（2）制作方法：

①萃取 20 mL 特浓咖啡至杯中。

②将 70 mL 牛奶倒入拉花缸中，并打发牛奶，温度至 60℃ ~ 70℃。

③将打发好的牛奶缓缓注入咖啡杯中，当融合至五分满时，拉花成形。

④出品。

8. 馥芮白

馥芮白（Flat White）又名澳白、小白咖啡，如图 4-5-10 所示。一杯标准的馥芮白，是在浓缩咖啡中注入绵密奶泡，使咖啡呈现出天鹅绒一般的质感。馥芮白有着最轻薄丝滑的奶泡，虽然使用了浓郁的咖啡基液，却有着神奇的甘甜，是一杯带有牛奶香甜的咖啡。

图 4-5-10　馥芮白

（1）原料及配方：150 mL 牛奶、30 mL 特浓咖啡。

（2）制作方法：

①萃取 30 mL 特浓咖啡至杯中。

②倒入牛奶打发，奶泡厚度为 0.3 cm 左右。

③将牛奶与特浓咖啡融合。

④拉花，出品。

【任务实施】

制作一杯郁金香图案的馥芮白咖啡。

1. 任务准备

（1）器具及材料准备：意式半自动咖啡机、意式拼配豆、磨豆机、牛奶 250 mL、咖啡杯、拉花缸、计时器、毛巾、粉刷。

（2）小组准备：四人一组（一名吧台长、三名吧员）。

2. 操作流程

馥芮白咖啡的制作流程，如图 4-5-11 所示。

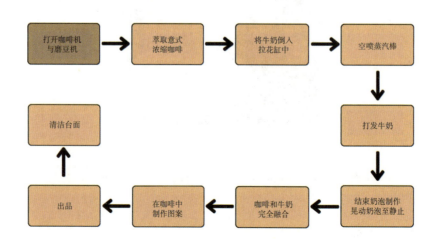

图 4-5-11　馥芮白咖啡的制作流程

3.操作步骤

步骤 1：准备工作，检查器具及材料，如图 4-5-12 所示。

步骤 2：萃取意式特浓咖啡。使用磨豆机将咖啡豆研磨成粉，通过意式半自动咖啡机萃取意式特浓咖啡，如图 4-5-13 所示。

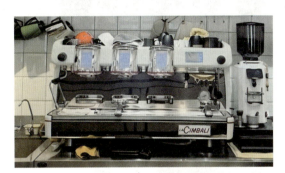

图 4-5-12　准备工作

图 4-5-13　萃取意式特浓咖啡

步骤 3：倒入牛奶，如图 4-5-14 所示。

步骤 4：空喷蒸汽棒，如图 4-5-15 所示。

图 4-5-14　倒入牛奶

图 4-5-15　空喷蒸汽头

步骤 5：打发牛奶。将牛奶加热到 60℃，奶泡厚度控制在 0.3 cm 左右，如图 4-5-16 所示。

步骤 6：晃动奶泡至静止，如图 4-5-17 所示。

图 4-5-16　打发牛奶

图 4-5-17　晃动奶泡至静止

步骤 7：注入融合，如图 4-5-18 所示。

步骤 8：拉花成形，如图 4-5-19 所示。

图 4-5-18　注入融合

图 4-5-19　拉花成形

步骤 9：出品，如图 4-5-20 所示。

图 4-5-20　出品

步骤 10：清洁台面。

【任务评价】

分小组使用意式半自动咖啡机制作馥芮白咖啡，完成实训评价表 4-5-1。

表 4-5-1　拿铁咖啡实训评价表

评价项目	要点及标准	分值	小组评价	教师评价
工作人员实训准备（5分）	着符合咖啡师岗位要求的服装	1		
	不留长指甲	1		
	不佩戴夸张首饰	1		
	男生不留长发，耳发不过耳，刘海不过眉；女生不披发，可盘发或束发，刘海不过眉	1		
	面部保持洁净清爽	1		
器具准备（10分）	意式半自动咖啡机、意式拼配豆、磨豆机、牛奶 250 mL、咖啡杯、拉花缸、计时器、毛巾、粉刷	10		
技能操作（60分）	恰当的咖啡豆研磨度	6		
	一杯合格的意式特浓咖啡	6		
	使用恰当的拉花缸	4		
	正确的握拉花缸手法	4		

评价项目	要点及标准	分值	小组评价	教师评价
技能操作（60分）	正确的牛奶温度	6		
	正确的选点注入	6		
	正确的融合	6		
	正确的拉花手臂动作	6		
	正确的拉花缸晃动和收尾	6		
	花形的正确方向和成形	6		
	制作过程中是否有清洁意识	4		
台面清洁（5分）	整洁、卫生的工作区域	5		
效果（20分）	恰当的奶泡厚度和温度	4		
	液面干净，牛奶和咖啡恰当融合	4		
	咖啡图案完整美观	4		
	咖啡口感（质地、体脂感、温度）	4		
	咖啡的平衡度	4		
总分（100分）	小组评价			
	教师评价			
实训反思				

一、单选题

1. 下列咖啡中，（　　）咖啡不适用于以意式特浓咖啡作为咖啡基底。

A.Dirty 咖啡　　　　　B. 短笛　　　　　C.卡布奇诺　　　　　D. 馥芮白

2. 在意大利人眼中，拿铁咖啡又称为（　　）。

A. 泡沫咖啡　　　　　B. 牛奶咖啡　　　　　C. 奶泡咖啡　　　　　D. 巧克力咖啡

3. Piccolo 的中文名称是（　　）。

A. 短笛　　　　　　　B. 卡布奇诺　　　　　　C. 澳白　　　　　　　D. 玛奇朵

4. 馥芮白最早起源于哪里（　　）？

A. 美国　　　　　　　B. 英国　　　　　　　　C. 澳大利亚　　　　　D. 日本

5. 馥芮白的英文名为（　　）。

A. Flate White　　　　B. Flat White　　　　　C. Latte　　　　　　　D. Fat White

二、判断题（判断正误，正确的打"√"，错误的打"×"）

1. 在意式咖啡饮品中，只能用意式浓缩咖啡作为基底。（　　）

2. 馥芮白、拿铁、卡布奇诺咖啡的奶泡厚薄程度从小到大依次为馥芮白＜拿铁＜卡布奇诺。

（　　）

3. 在拿铁、卡布奇诺和馥芮白三款咖啡中，拿铁咖啡的意式浓缩咖啡浓度最高。（　　）

三、实践操作

小组合作分别制作一杯卡布奇诺、拿铁和馥芮白咖啡，并从以下几个方面对比三杯咖啡的特点，完成表 4-5-2。

表 4-5-2

咖啡类型	咖啡与牛奶比	奶泡厚度	口感风味
卡布奇诺			
拿铁			
馥芮白			

任务6　美式咖啡的制作

【任务情景】

晓啡听同事说附近咖啡店推出周年庆活动，用同一种豆子分别做美式咖啡以及手冲咖啡。一种豆子能喝到两种口味的咖啡，那它们在味道上会有什么不一样呢？同样是黑咖啡，美式咖啡又是怎样制作的呢？让我们跟随晓啡一起来学习吧。

【任务分析】

学习理论知识，观看相关的图片和视频，通过对美式咖啡的含义、起源、分类与制作技巧等知识的学习，了解美式咖啡的特点及其与手冲咖啡的区别；通过制作热美式咖啡的实践，掌握美式咖啡的制作流程与技巧，并通过练习合格出品。

【知识准备】

美式咖啡和手冲
咖啡的区别

一、美式咖啡的含义及起源

美式咖啡，是使用滴滤式咖啡壶制作出的黑咖啡，或者是在意式浓缩中加入热水制作而成。本任务所讲的美式咖啡为稀释后的浓缩咖啡，即浓缩咖啡加水，如图4-6-1所示。

美式咖啡真正诞生于二战之后，当时美国人在结束欧洲战事时，有许多军队来到了南欧，他们无法适应意式浓缩的口感，于是将浓缩咖啡兑水饮用。由于这种咖啡最初的饮用者主要以美国大兵为主，所以人们就将其命名为美式咖啡。美式咖啡属于黑咖啡的一种，只有咖啡和水两种成分。

图4-6-1 美式咖啡

二、美式咖啡的分类

1. 热美式

热美式是用意式咖啡机所萃取出来的浓缩咖啡作为基底，然后在杯中加入热水制作而成的咖啡。顾名思义，热美式咖啡端在手上是微烫的，喝一口从口腔到肠胃一下子就暖和起来，咖啡的香浓随之升起，溢满整个口腔，久久不散。

2. 冰美式

冰美式是用意式咖啡机所萃取出来的浓缩咖啡作为基底，然后在杯中加入水和冰块制作而成的咖啡。零度的口感，冰爽透心凉，香气低沉，令人喜爱。

三、美式咖啡的制作技巧

（1）需要使用优质的意式浓缩。

（2）需要使用软化后的饮用水。软化后的饮用水口感更加柔和，有利于咖啡风味的呈现。不能使用自来水或硬水，否则会影响咖啡豆中的化学成分和萃取效果。热美式的建议水温为65℃～75℃。

（3）水和浓缩咖啡的比例要适当，不能太多或太少，否则会影响咖啡的平衡和整体风味。

【任务实施】

制作一杯热美式咖啡。

1.任务准备

（1）器具及材料准备：意式半自动咖啡机、意式拼配豆、磨豆机、热水、意式浓缩杯、计时器、毛巾、粉刷、电子秤。

（2）小组准备：四人一组（一名吧台长、三名吧员）。

2.操作流程

美式咖啡的制作流程，如图4-6-2所示。

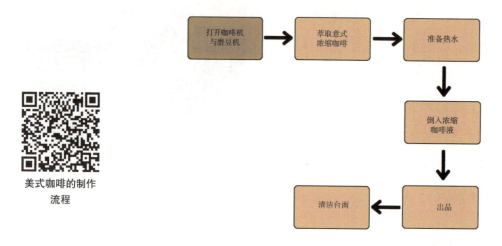

美式咖啡的制作
流程

图4-6-2 美式咖啡的制作流程

3.操作步骤

步骤1：准备工作，清洁台面并准备好用具，如图4-6-3所示。

步骤2：萃取意式浓缩咖啡。使用磨豆机将咖啡豆研磨成粉，通过意式半自动咖啡机萃取一杯意式浓缩咖啡，如图4-6-4所示。

图4-6-3 准备工作

图4-6-4 萃取浓缩咖啡

步骤3：准备热水，如图4-6-5所示。

步骤 4：倒入浓缩咖啡液，如图 4-6-6 所示。

图 4-6-5　准备热水

图 4-6-6　倒入浓缩咖啡液

步骤 5：出品，如图 4-6-7 所示。

图 4-6-7　出品

使用雷达图记录不同水
量下美式咖啡的风味

步骤 6：清洁台面。

【任务评价】

分小组使用意式半自动咖啡机制作热美式咖啡，完成实训评价表 4-6-1。

表 4-6-1　美式咖啡实训评价表

评价项目	要点及标准	分值	小组评价	教师评价
工作人员实训准备（5分）	着符合咖啡师岗位要求的服装	1		
	不留长指甲	1		
	不佩戴夸张首饰	1		
	男生不留长发，耳发不过耳，刘海不过眉；女生不披发，可盘发或束发，刘海不过眉	1		
	面部保持洁净清爽	1		
器具准备（10分）	意式半自动咖啡机、意式拼配豆、磨豆机、热水、意式浓缩杯、计时器、毛巾、粉刷、电子秤	10		

续表

评价项目	要点及标准	分值	小组评价	教师评价
技能操作（60分）	准备一杯八分满热水	12		
	恰当的咖啡豆研磨度	12		
	一杯合格的意式浓缩咖啡	12		
	在热水中倒入浓缩咖啡	12		
	制作过程中是否有清洁意识	12		
台面清洁（5分）	整洁、卫生的工作区域	5		
效果（20分）	咖啡香气（干、湿香）	5		
	咖啡体脂感（厚实、黏稠、顺滑、圆润）	5		
	咖啡风味（滋味物的丰富程度）	5		
	咖啡的平衡度	5		
总分（100分）	小组评价			
	教师评价			
实训反思				

练习与实践

一、单选题

1. 美式咖啡属于（　　）。

A. 黑咖啡　　　　　　B. 花式咖啡　　　　　　C. 意式咖啡　　　　　D. 手冲咖啡

2. 美式咖啡最常见的做法是意式浓缩咖啡加入适量的（　　）。

A. 牛奶　　　　　　　B. 奶沫　　　　　　　　C. 水　　　　　　　　D. 焦糖

3. 热美式咖啡的出品温度在（　　）合适。

A.90℃　　　　　　　B.70℃　　　　　　　　C.50℃　　　　　　　D.100℃

4. 美式咖啡放凉后客人要求再加热的话应该如何处理（　　）。

A. 加少量开水　　　　B. 微波炉加热　　　　　C. 拒绝　　　　　　　D. 加入一份新的浓缩咖啡

二、判断题（判断正误，正确的打"√"，错误的打"×"）

1. 美式咖啡就是浓缩咖啡兑水，所以并没有粉水比要求。（ ）

2. 热美式出品时要求温度越高越好，这样闻起来香气更加浓郁。（ ）

3. 美式咖啡对水质的要求很高，最好使用软化后的饮用水。（ ）

4. 冰美式一定要先准备冰水混合物再加浓缩咖啡。（ ）

5. 美式咖啡与拿铁相比，美式咖啡的奶香味更加浓郁。（ ）

三、实践操作

通过实践操作，以同样的参数制作出一杯热美式和冰美式，并对比这两杯咖啡的风味特点，完成表4-6-2。

表4-6-2　热美式和冰美式的风味特点

咖啡类型	风味特点		
	香气	酸质	醇厚度
热美式			
冰美式			

四、探究活动

分小组实操，探究不同水量下咖啡的口感特点，完成表4-6-3。

表4-6-3　不同水量下咖啡的口感特点

水量	280 mL水	300 mL水	320 mL水
香气			
甜感			
醇厚度			
油脂的稳定性			
余韵			

任务7　玛奇朵咖啡的制作

【任务情景】

晓啡在去咖啡店打卡时，无意中点了一杯玛奇朵咖啡，品尝后，发现跟自己在星巴克喝的玛奇朵咖啡味道很不一样。于是晓啡便问咖啡师："同样是玛奇朵咖啡，为什么这杯咖啡没有星巴克的香甜呢？"

咖啡师告诉晓啡："你现在喝的这杯咖啡是传统的意式玛奇朵，里面只有浓缩咖啡和奶泡，跟星巴克的焦糖玛奇朵是不一样的。"到底哪里不一样呢？下面就让我们跟随晓啡一探究竟吧。

【任务分析】

学习理论知识，观看相关的图片和视频，通过对玛奇朵咖啡的含义、起源及分类，意式玛奇朵和牛奶玛奇朵的区别，玛奇朵咖啡的品饮技巧等知识的学习，了解玛奇朵咖啡的特点；通过制作意式玛奇朵的实践，掌握玛奇朵咖啡的制作流程与技巧，并通过练习合格出品。

【知识准备】

一、玛奇朵的含义及起源

玛奇朵又称玛琪雅朵，在意大利语中意为"标记、做记号"，因此玛奇朵又意为"被标记的咖啡"。玛奇朵咖啡源于 20 世纪 80 年代的意大利，刚开始人们喜欢在浓缩咖啡里加入少量的牛奶，因为牛奶很快就与浓缩咖啡融合，为了标记这是一杯加了牛奶的浓缩，咖啡师会在上面放一勺奶沫。由于奶沫增加了绵密的口感，又不会减少浓缩咖啡的醇香，因此传统的意式玛奇朵就这样流行于意大利的大街小巷。

二、玛奇朵的分类

玛奇朵分为两类：一类是意式玛奇朵，或者直接叫作玛奇朵，它指最传统的玛奇朵咖啡；还有一类是牛奶玛奇朵，它是意式玛奇朵的变种，也是意大利常见的一款经典咖啡饮品。

1. 意式玛奇朵

传统的意式玛奇朵不加牛奶，只在浓缩咖啡中加上少量绵密细软的奶泡就是一杯玛奇朵，如图 4-7-1 所示。在保留意式浓缩咖啡浓烈风味的同时，又通过细腻香甜的奶泡来缓冲浓缩咖啡带来的苦涩味，口感如浮云般细腻顺滑。

2. 牛奶玛奇朵

牛奶玛奇朵是由浓缩咖啡、热牛奶和奶泡三层构成，其中浓缩咖啡与牛奶的比例约为 1：1，上面覆盖着一层绵密的奶泡。它的特点是口感丰富、层次分明，既能品味到浓缩咖啡的独特风味，又能享受牛奶的香滑口感。

图 4-7-1　意式玛奇朵

随着咖啡文化的不断发展，牛奶玛奇朵也出现了许多风格口味的变奏。如以下几种常见的牛奶玛奇朵：

（1）焦糖玛奇朵。

焦糖玛奇朵是在香浓热牛奶上加入浓缩咖啡，再淋上纯正焦糖而制成的饮品，口味香甜，其特点是在一杯饮品里可以喝到三种不同的口味，如图 4-7-2 所示。

图 4-7-2　焦糖玛奇朵

（2）香草玛奇朵。

香草玛奇朵通过加入香草糖浆，为咖啡增添了香草的清新芬芳。这款咖啡在保持玛奇朵咖啡原有特点的基础上，增加了一抹香草的风味，使得咖啡口感更加丰富。

（3）巧克力玛奇朵。

巧克力玛奇朵是在牛奶玛奇朵咖啡中加入巧克力酱或巧克力糖浆，使咖啡增添了浓郁的巧克力风味。

（4）抹茶玛奇朵。

抹茶玛奇朵是在牛奶玛奇朵基础上加入抹茶粉。这款咖啡融合了东西方的味道，抹茶的清新与浓缩咖啡的苦味相互衬托，形成了一种独特的风味。

三、意式玛奇朵和牛奶玛奇朵的区别

1. 含量不同

在牛奶含量上，意式玛奇朵一般不加牛奶，只是一杯浓缩咖啡加上奶泡，用奶泡来降低咖啡苦涩的味道；而牛奶玛奇朵会在意式浓缩咖啡中加入大量牛奶，由于咖啡的苦涩会被大量牛奶中和而减轻不少，所以喝起来会有牛奶香醇味。

2. 制作方式不同

意式玛奇朵是用奶泡来点缀意式浓缩，其做法较为简单，直接在刚刚做好的意大利浓缩咖啡中加入奶泡即可；而牛奶玛奇朵则是用意式浓缩来点缀打发牛奶，在一杯带奶泡的牛奶中加入 20 ml 意式浓缩，分层较为明显，底部是浓厚的打发牛奶，中间是意式浓缩，顶部是奶沫。

3. 口感风味不同

意式玛奇朵是以意式浓缩为主，奶泡为辅，咖啡几乎不会被稀释，咖啡风味浓郁，其表面的奶泡几乎只有装饰作用，而不会给咖啡增添太多奶味；牛奶玛奇朵是以牛奶为主，意式浓缩为辅，三层分明，奶味十足，口感顺滑。

四、玛奇朵咖啡的品饮技巧

（1）在喝玛奇朵时，通常是不需要搅拌的，其层次细腻，口味丰富，搅拌会破坏它的层次感。

（2）由于打奶泡时，表面奶泡与空气混合较剧烈，所以表面的奶泡较粗糙。此时可以将奶泡表面较粗糙的部分刮去，如此便可以喝到最细致的部分。此外，由于奶泡与空气接触后，奶泡的绵密度会发生改变，因此玛奇朵应在制作完成后尽快喝完。

（3）在品尝玛奇朵时，为了更加享受咖啡时光，可以适当地搭配小点心，再配上一首轻松经典的钢琴曲，会增添闲适的愉悦之感。

【任务实施】

制作一杯意式玛奇朵咖啡。

1.任务准备

（1）器具及材料准备：意式半自动咖啡机、意式拼配豆、磨豆机、牛奶250 mL、咖啡杯、拉花缸、计时器、毛巾、粉刷。

（2）小组准备：四人一组（一名吧台长、三名吧员）。

2.操作流程

意式玛奇朵的制作流程，如图4-7-3所示。

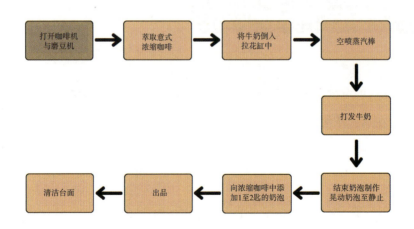

图4-7-3 意式玛奇朵的制作流程

3.操作步骤

步骤1：制作意式浓缩咖啡。使用磨豆机将咖啡豆研磨成粉，通过意式半自动咖啡机制作一杯浓缩咖啡，如图4-7-4所示。

步骤2：将冷藏好的牛奶倒入拉花缸中，如图4-7-5所示。

图 4-7-4　制作意式浓缩咖啡

图 4-7-5　倒入牛奶

步骤 3 ：空喷蒸汽棒（如图 4-7-6 所示）。排空蒸汽棒里的水分，以免蒸汽棒的水分过多而影响到奶泡的质量。

步骤 4 :牛奶发泡（如图 4-7-7 所示）。蒸汽管位于牛奶液面中心点，插入牛奶液面以下约 1 cm 处。拉花缸斜倾 45°，打开蒸汽阀门，调整角度，使牛奶与空气能够均匀结合。

图 4-7-6　空喷蒸汽棒

图 4-7-7　牛奶发泡

步骤 5 :结束奶泡制作（如图 4-7-8 所示）。当牛奶温度达到 60℃ ~ 70℃，发至相应的奶泡分量时，迅速关掉蒸汽阀以停止发泡，蒸汽阀关闭后再将拉花缸取出。

步骤 6 ：向意式浓缩咖啡中添加 1 至 2 匙的奶泡。如图 4-7-9。

图 4-7-8　结束奶泡制作

图 4-7-9　将奶泡加入浓缩咖啡中

步骤 7 ：出品。如图 4-7-10 所示。

图 4-7-10　出品

步骤 8：清洁台面。

【任务评价】

分小组使用半自动咖啡机制作意式玛奇朵咖啡，完成实训评价表 4-7-1。

表 4-7-1　意式玛奇朵咖啡实训评价表

评价项目	要点及标准	分值	小组评价	教师评价
工作人员实训准备（5分）	着符合咖啡师岗位要求的服装	1		
	不留长指甲	1		
	不佩戴夸张首饰	1		
	男生不留长发，耳发不过耳，刘海不过眉；女生不披发，可盘发或束发，刘海不过眉	1		
	面部保持洁净清爽	1		
器具准备（10分）	意式半自动咖啡机、意式拼配豆、磨豆机、牛奶250 mL、咖啡杯、拉花缸、计时器、毛巾、粉刷	10		
技能操作（60分）	恰当的咖啡豆研磨度	7		
	一杯合格的意式浓缩咖啡	7		
	使用恰当的拉花缸	7		
	正确的握拉花缸手法	7		
	正确的牛奶温度	7		
	正确的选点注入	7		
	正确的融合	7		
	花形成形	7		
	制作过程中是否有清洁意识	4		
台面清洁（5分）	整洁、卫生的工作区域	5		
效果（20分）	恰当的奶泡厚度和温度	4		
	液面干净，牛奶和咖啡恰当融合	4		
	图案完整美观	4		
	咖啡口感（质地、体脂感、温度）	4		
	咖啡风味（滋味物的丰富程度）	4		
总分（100分）	小组评价			
	教师评价			
实训反思				

一、单选题

1.Espresso Macchiato 的中文名称是（   ）。

A.马其顿咖啡　　　　B.麦克阿瑟咖啡　　　　C.玛奇朵咖啡　　　　D.马基雅弗利咖啡

2.以下对一杯意式玛奇朵咖啡描述正确的一项是（   ）。

A.比较接近拿铁，用焦糖在浓缩咖啡上做记号

B.和卡布奇诺相比，玛奇朵的牛奶含量较少，可以更好地品尝浓缩咖啡的味道

C.在香浓的热牛奶中加入浓缩咖啡和香草糖浆，再撒上一层焦糖酱

D.通过加入香草糖浆，为咖啡增添了香草的清新芬芳

3.传统的意式玛奇朵咖啡的制作方式是（   ）。

A.使用摩卡壶冲煮出咖啡后，加入牛奶和奶沫

B.使用压力式咖啡机冲煮出咖啡后，先后加入牛奶和奶沫

C.使用虹吸壶冲煮出咖啡后，加入牛奶和奶沫

D.使用压力式咖啡机冲煮出咖啡后，加入奶沫

二、判断题（判断正误，正确的打"√"，错误的打"×"）

1.意大利人发明了玛奇朵咖啡的做法。（   ）

2.传统的意式玛奇朵咖啡是在浓缩咖啡中直接加入牛奶。（   ）

3.在意式玛奇朵咖啡中，一层金黄色的油脂应该出现在咖啡的最上层。（   ）

4.意式玛奇朵是由浓缩咖啡、热牛奶和奶泡三层构成，其中浓缩咖啡与牛奶的比例一般为1∶1，上面再覆盖一层绵密的奶泡。（   ）

三、实践操作

小组合作分别制作一杯热的焦糖玛奇朵和冷的焦糖玛奇朵咖啡，完成表4-7-2。

表4-7-2　冷热焦糖玛奇朵的风味特点

咖啡名称	香气	甜感	醇厚度	余韵	风味层次特点
焦糖玛奇朵（热）					
焦糖玛奇朵（冷）					

任务8　创意咖啡饮品的展示与推荐

【任务情景】

晓啡经常到各种咖啡馆打卡，希望通过品鉴不同的咖啡提高感官水平。近期晓啡对一家咖啡馆出品的几款特调非常感兴趣，通过多次走访学习，她了解到许多咖啡馆都会随着季节的变化推出一到两款独一无二的创意咖啡，如图4-8-1、图4-8-2所示。晓啡对此感到非常新奇，迫不及待地想要了解一杯创意咖啡究竟是怎样调制出来的呢？

图4-8-1　创意咖啡饮品(1)　　　　图4-8-2　创意咖啡饮品(2)

【任务分析】

学习理论知识，观看相关的图片和视频，通过对创意咖啡的含义、常用的基础原料及制作原则，经典创意咖啡展示等知识的学习，了解创意咖啡饮品和几款经典创意咖啡的制作方法；通过制作爱尔兰咖啡的实践，掌握爱尔兰咖啡的制作流程与技巧，并通过练习合格出品。

【知识准备】

一、创意咖啡的含义

咖啡本身跟任何配料都可能碰撞出意外的火花，因此当把"咖啡"仅作为咖啡的一种基础元素时，咖啡有无限的创意空间。创意咖啡是在日常咖啡之外的灵感创意表达，其以咖啡为基底，由咖啡师在咖啡的口感、风味和外观形式等方面进行创新，为品尝咖啡提供另一种乐趣。咖啡与果汁搭配可以给午后时光带来更清爽的风味，咖啡与气泡搭配可以带来更加绵密刺激的口感，咖啡与酒精饮料搭配可以营造独处时的浪漫和惬意。

二、创意咖啡常用原料基础

（1）咖啡基底类型：冷萃咖啡、浓缩咖啡、滤泡式咖啡、冻干粉等由不同的咖啡制作方式得到的咖啡萃取液，如图4-8-3所示。

图4-8-3　咖啡基底类型

（2）原材料类型：常见的有如乳制品、水果、茶、甜味剂、成品饮品，以及酒精类、植物类、蔬菜类、谷物类、坚果类、辛香料类、气体类等原料。

三、创意咖啡的制作原则

一家咖啡馆如果没有一款独一无二的创意咖啡是很难长期吸引咖啡爱好者的。创意咖啡是一家咖啡店的鲜明特色，表达着一位咖啡师或一家咖啡店对于咖啡的独到理解与创作。而咖啡师在研发创意咖啡的过程中，要遵循以下原则：

1. 突出咖啡豆本身的风味，或者延展豆子的风味

不同产区、品种、处理方式、烘焙度的咖啡豆，风味各有其独特与不同。例如，有些咖啡豆自身带有浓郁的水果香，为了突出这股明亮的果香，可以加入水果类糖浆，或者用水果作为创意的装饰物形成更为浓郁的水果味，以此来放大和延展咖啡豆的独特风味。

2. 根据当地特色选择创意方向，彰显人文情怀

不同地区的地域特色不一样，崇尚的文化内涵也不同。例如，九寨沟作为四川最著名的旅游景点之一，以其天然的美景和独特的文化吸引着全球各地的游客。而川贝咖啡正是将四川九寨沟的贝母磨成粉和咖啡一起来萃取，并且还加入了薄荷元素，清凉润肺，在保留咖啡风味的同时兼具了九寨沟的风景文化和地域特产。

3. 结合当下主流元素选择创意方向，紧跟时代潮流

时代在发展，主流元素随之更新，不断改变着人们在生活、工作和学习等方面的行为方式。例如，在上海咖啡文化周期间，上海的部分咖啡馆将咖啡与文化艺术、数字科技、生活时尚等元素相结合，打造出兼具社交与文化属性的咖啡消费新体验。

四、经典创意咖啡推荐及展示

1. 爱尔兰咖啡

爱尔兰咖啡（Irish Coffee）是一种既像酒又像咖啡的咖啡，原料包含爱尔兰威士忌和咖啡。它采用特殊的咖啡杯、特殊的煮法，认真而执着、古老而简朴。相传，一位都柏林机场的酒保为了吸引心仪的女孩，将威士忌融入浓缩咖啡，发明了风味独特的爱尔兰咖啡，如图4-8-4所示。爱尔兰咖啡使用的爱尔兰咖啡杯是一种便于在制作时烘烤加热的耐热杯。烤杯可以去除烈酒中的酒精，让酒香与咖啡更能够直接调和。

爱尔兰咖啡杯

图4-8-4　爱尔兰咖啡

（1）配方：热咖啡150 mL、爱尔兰威士忌30 mL、方糖一颗、鲜奶油适量。

（2）制作方法：

①注入威士忌。用量酒器将30 mL爱尔兰威士忌注入爱尔兰杯中至第一道线。

②将适量方糖加入杯中。

③烤杯。将杯子倾斜放置于爱尔兰咖啡杯架上点火并匀速旋转杯子，使其受热均匀。

④注入咖啡。将150 mL的浓缩咖啡倒入爱尔兰杯中至第二道线。

⑤注入奶油。在咖啡顶上放入适量鲜奶油至第三道线，完成封杯。注意不要搅拌。

⑥装饰并出品。

2. 洽洽开心拿铁

洽洽开心拿铁是以亮绿色的海盐开心果糖浆为基底，再加入香醇浓郁的咖啡浓缩液，产生令人愉悦的独特风味，如图4-8-5所示。

（1）配方：海盐开心果糖浆20 mL、全脂纯牛奶180 mL、60 g冰块、浓缩咖啡液30 mL。

（2）制作方法：

①在杯子里加入20 mL海盐开心果糖浆（挂杯）。

②放入60 g冰块在杯中。

③倒入180 mL牛奶。

图4-8-5　洽洽开心拿铁

④从表面倒入 30 mL 咖啡液。

⑤装饰，出品。

3. 冰镇乌梅酿美式

与传统美式不同，冰镇乌梅酿美式是将酸梅果汁与咖啡浓缩液相融合，入口是独特的酸甜滋味，如图 4-8-6 所示。

（1）配方：两颗去核的乌梅果、冰块 100 g、酸梅汁 220 mL、浓缩咖啡 30 mL。

（2）制作方法：

①放入两颗捣鼓压碎后的去核乌梅果。

②加入 100 g 冰块。

③缓缓倒入 220 mL 酸梅汁。

④在表面倒入 30 mL 咖啡浓缩液。

⑤装饰，出品。

图 4-8-6　冰镇乌梅酿美式

4. 芭乐碰

芭乐碰特调咖啡有着与 Dirty 咖啡相似的制作方式，是南姜梅粉、芭乐果酱与冰博客牛奶的独特碰撞，如图 4-8-7 所示。

图 4-8-7　芭乐碰

（1）配方：芭乐酱 30 mL、南姜梅粉、冰博客牛奶 160 mL、浓缩咖啡液 20 mL。

（2）制作方法：

①倒扣咖啡杯，在杯口边缘蘸取一圈芭乐酱。

②在杯口蘸取一圈南姜梅粉。

③倒入 30 mL 芭乐酱。

④倒入 160 mL 冰博客牛奶。

⑤使用咖啡机直接萃取 20 mL 浓缩咖啡液在冰博客液面上。

⑥装饰，出品。

5.莓瑰美式

莓瑰美式是树莓酱、玫瑰酱与咖啡浓缩液的结合，是兼具花果香甜与咖啡浓醇的独特搭配，如图4-8-8所示。

图4-8-8　莓瑰美式

（1）配方：树莓果酱15 mL、玫瑰糖浆20 mL、气泡水220 mL、冰块90 g、咖啡浓缩液30 mL。

（2）制作方法：

①在杯中加入15 mL树莓果酱和20 mL的玫瑰糖浆。

②加入90 g冰块。

③倒入220 mL气泡水。

④倒入30 mL浓缩咖啡液。

⑤装饰，出品。

6.暮光之城

暮光之城咖啡有着如电影《暮光之城》里夕阳西下时的相似色调。在细高脚杯中，柳橙和咖啡液层次分明，咖啡整体风味独特，令人喜爱，如图4-8-9所示。

图4-8-9　暮光之城

（1）配方：柳橙糖浆20 mL、甜糖浆10 mL、冰块90 g、浓缩咖啡液30 mL。

（2）制作方法：

①在杯内加入20 mL柳橙汁和10 mL甜糖浆搅拌均匀。

②雪克壶内放入90 g冰和30 mL浓缩咖啡液，摇晃均匀，并使咖啡液快速冷却。

③沿汤匙缓缓注入30 mL咖啡液。

④装饰，出品。

【任务实施】

制作一杯爱尔兰咖啡。

1. 任务准备

（1）器具及材料准备：意式半自动咖啡机、意式拼配豆、磨豆机、爱尔兰咖啡杯、爱尔兰铁架、酒精灯、打火机、量杯、奶油枪、爱尔兰威士忌 30mL、方糖、鲜奶油。

（2）小组准备：四人一组（一名吧台长、三名吧员）。

制作爱尔兰咖啡的注意事项

2. 操作流程

爱尔兰咖啡的制作流程，如图 4-8-10 所示。

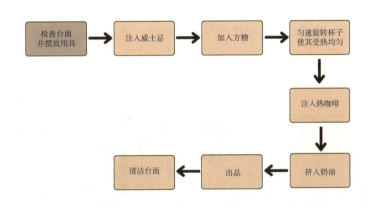

图 4-8-10　爱尔兰咖啡的制作流程

爱尔兰咖啡的制作流程

3. 操作步骤

步骤 1：制作准备。清洁台面并准备好相应用具，如图 4-8-11 所示。

步骤 2：注入威士忌。用量酒器将 30 mL 爱尔兰威士忌注入爱尔兰杯中至第一道线，如图 4-8-12 所示。

图 4-8-11　准备工作

图 4-8-12　注入威士忌

步骤 3：加入方糖。在爱尔兰杯加入一块方糖。放入放糖时还要注意轻放，不要把威士忌溅出杯子外面，如图 4-8-13 所示。

步骤 4：匀速旋转杯子使其受热均匀。将杯子倾斜放置于爱尔兰咖啡杯架上，通过酒精灯加热咖啡杯，匀速旋转杯子使其均匀受热，方糖熔化后将酒精灯盖灭，再将杯中的威士忌点燃，如图 4-8-14 所示。

图 4-8-13　加入方糖　　　　　　　　　　图 4-8-14　匀速旋转杯子

步骤 5：注入浓缩咖啡。使用磨豆机将咖啡豆研磨成粉，通过意式半自动咖啡机萃取一杯浓缩咖啡，并倒入爱尔兰杯中至第二道线，如图 4-8-15 所示。

步骤 6：挤入奶油。旋转加入鲜奶油至第三道线，完成封杯，如图 4-8-16 所示。

图 4-8-15　注入浓缩咖啡　　　　　　　　图 4-8-16　挤入奶油

步骤 7：爱尔兰咖啡制作完成并出品，如图 4-8-17 所示。

图 4-8-17　制作完成

步骤 8：清洁台面。

【任务评价】

分小组制作爱尔兰咖啡，完成实训评价表 4-8-1。

表 4-8-1　爱尔兰咖啡实训评价表

评价项目	要点及标准	分值	小组评价	教师评价
工作人员实训准备（5分）	着符合咖啡师岗位要求的服装	1		
	不留长指甲	1		
	不佩戴夸张首饰	1		
	男生不留长发，耳发不过耳，刘海不过眉；女生不披发，可盘发或束发，刘海不过眉	1		
	面部保持洁净清爽	1		
器具准备（10分）	意式半自动咖啡机、意式拼配豆、磨豆机、爱尔兰咖啡杯、爱尔兰铁架、酒精灯、打火机、量杯、奶油枪、爱尔兰威士忌30 mL、方糖、鲜奶油	10		
技能操作（60分）	恰当的咖啡豆研磨度	7		
	一杯合格的意式浓缩咖啡	7		
	用量酒器将30 mL爱尔兰威士忌注入爱尔兰杯中至第一道线	7		
	在爱尔兰杯中加入一块方糖，威士忌没有溅出杯外	4		
	将杯子倾斜放置于爱尔兰咖啡杯架上，通过酒精灯加热咖啡杯，匀速旋转杯子使其受热均匀。	7		
	将意式浓缩咖啡倒入爱尔兰杯中至第二道线	7		
	挤入奶油，旋转加入鲜奶油至第三道线，完成封杯	7		
	奶油成形且美观	7		
	制作过程中是否有清洁意识	7		
台面清洁（5分）	整洁、卫生的工作区域	5		
效果（20分）	威士忌受热均匀，咖啡温度适中	4		
	恰当的奶油厚度	4		
	液面干净美观	4		
	咖啡口感（质地、体脂感、温度）	4		
	咖啡的平衡度	4		
总分（100分）	小组评价			
	教师评价			
实训反思				

练习与实践

一、单选题

1. 下列不属于爱尔兰咖啡配方的是（　　）。

A. 意式咖啡　　　　　B. 威士忌　　　　　　　　C. 方糖　　　　D. 牛奶

2. 制作一杯爱尔兰咖啡时，要在杯中加入（　　）威士忌。

A. 30 mL　　　　　　B. 40 mL　　　　　　　　C. 50 mL　　　D. 60 mL

二、判断题（判断正误，正确的打"√"，错误的打"×"）

1. 制作创意咖啡时，只能使用浓缩咖啡液作为咖啡基底。（　　）

2. 爱尔兰咖啡杯的第一条与第二条线之间盛装的是咖啡。（　　）

3. 创意咖啡，是以咖啡为基底，在口味、风味和外观形式上进行创新的一种咖啡。（　　）

三、实践操作

走访本地咖啡厅，记录咖啡厅中具有本地区域特点的咖啡饮品的风味特征，并尝试自己制作一款具有本土特点的创意咖啡，完成评价表 4-8-2。

表 4-8-2　本土创意咖啡评价表

评价维度	要点及标准	分值（100）	小组评价	教师评定
效果与口味	整体创意	20		
	香气的丰富程度	15		
	整体色彩呈现	15		
	咖啡风味（滋味物的丰富程度）	15		
	咖啡口感（质地、体脂感、温度）	15		
	咖啡的平衡度	20		
总分				

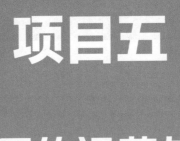

项目五

咖啡厅的运营与管理

【项目引言】

一名优秀的咖啡师，不仅能够制作香浓的咖啡，还需要熟知咖啡厅的整体运营与管理方法，以更好地服务顾客，拓展自己的职业道路。本项目围绕咖啡厅的运营与管理，依托知识准备和实践训练来实施学习任务，使学习者具备咖啡厅的日常营业流程、吧台管理、服务与接待顾客的相关知识与技能。

【项目目标】

1. 熟知营业前物料的准备和结束营业的工作内容。

2. 能够对工作区域进行日常清洁。

3. 能对咖啡器具和设备进行清洁、消毒和日常维护。

4. 能制定和实施吧台清洁卫生标准，能进行吧台库存盘点。

5. 掌握迎送顾客及为客人提供席间服务的礼仪规范。

6. 能进行日常销售服务和日常结账服务。

7. 提升对服务技能重要性的认识，增强自主学习意识，培养良好的职业素养和工匠精神，提升综合素质竞争力。

8. 感悟咖啡厅服务的价值与意义，热爱服务工作，培养良好的职业素养，增强对职业劳动的自豪与光荣感。

9. 提升文化自信和跨文化交际能力，在职业劳动中自觉运用和弘扬中国文化。

任务1　咖啡厅的日常营业流程

【任务情景】

晓啡新入职了一家咖啡厅，作为公司的管理实习生，经理安排晓啡首先从熟悉咖啡厅的日常营业流程开始。晓啡第一天的工作就是在经理的指导下，学习和了解咖啡厅的日常营业流程和要求。

【任务分析】

学习理论知识，观看相关的图片和视频，通过对营业前的准备工作、早晚班交接及营业结束的收尾工作等知识的学习，了解咖啡厅的日常营业流程；通过模拟早班会、交接班和班后会的实践，熟知咖啡厅营业前的准备工作、营业中的注意事项和营业后的收尾工作，从而保证咖啡厅正常有序营业。

【知识准备】

看似简单的日常营业流程，其实需要一环扣一环，不容有一点疏忽。咖啡厅的日常营业流程归结起来有以下环节：

一、营业前的准备工作

1. 早班准备

我们通常以吧台为界，把咖啡厅分为两大区域：吧台前面是服务区，一般包括迎宾、保洁、服务员等岗位；吧台后面是生产区，一般包括厨房、吧台、收银台等。服务区人员应在营业前完成扫地、拖地、整理店堂等准备工作。生产区员工应在营业前完成清洁、备料、设备检查等准备工作。

所有员工一般应在营业前半个小时，换好工服，到达岗位，开始准备工作。营业前20min，主管人员到位，检查各个岗位营业前的准备工作，如图5-1-1所示。

图 5-1-1 早班准备

2. 早班会

主管人员带领店内所有员工开个短会，做好营业前的安排，做好岗位交接和沟通工作。一般包括以下事项：

（1）检查员工仪容仪表与精神状态，鼓舞士气。

（2）听取各岗位准备工作完成情况，如有问题及时解决。

（3）重点检查设备和查看物料状态，如有问题及时处置。

（4）交代临时性的工作或特殊事项，比如优惠活动、当日订单、大扫除等。

二、正式运营

正式运营期间，客人能够看到的只有做咖啡、做餐、服务的环节，但订货、领货、卫生、用餐、培训等工作都是穿插进行的，必须做好统筹安排。

尤其是在中午客人用餐高峰期，员工也要用餐，要做好轮换工作，保证员工及时用餐，备战高峰期。

三、早晚班交接

早晚班交接前，早班员工应做好收尾工作，包括打扫、备料、订货等。尤其是备料，必须由早班员工提前备好，因为晚班是没有办法采购的。

生产区交接工作包括三部分：厨房、吧台、收银台。为顺利完成交接班，应制作一张交班表，列出需要交接的事项。

服务区做交接时，除了交接桌号，还要检查客人所点产品，最好能记住客人的相貌或特点，以防客人临时换了座位没有及时更新，出现错误。

四、营业结束的收尾工作

（1）整理、登记收银台情况，向店长汇报当天销售数据，比如现金、刷卡分别多少，交易数和人均多少等。

（2）清理店面、生产区和服务区。这是收尾工作的重点，以保证第二天正常营业。

（3）一个简单的班后会，总结当天工作情况。

（4）主管人员巡店检查。检查设备设施是否关闭，检查水、电、气、门窗和安防系统是否正常，关灯断电后离开，如图5-1-2所示。

图 5-1-2　营业结束的收尾工作

【任务实施】

模拟早班会、交接班和班后会。

1.任务准备

（1）器具准备：验收表、交接班表、职业装。

（2）小组准备：四人一组（一名店长、三名工作人员）。

2.操作步骤

步骤1：模拟早班会。在店长组织下，召开早班会。

（1）店长考勤，检查工作人员仪容仪表及着装是否规范。

（2）服务区工作人员汇报服务区清洁整理、物料准备和设施设备运行情况，店长检查处置，填写检查验收表。

（3）生产区工作人员汇报生产区清洁整理、物料准备和设施设备运行情况，店长检查处置，填写检查验收表。

（4）收银员汇报前台清洁整理、备用金及物料准备和设施设备运行情况，店长检查处置，填写检查验收表。

（5）店长总结并布置临时性工作后，宣布开工。

步骤2：模拟交接班。

（1）服务区交接班。

早班工作人员在不影响客人的前提下，做好清洁整理工作，清点耗材，填写交班表，特别写明异常情况和客人的特殊要求。与晚班工作人员交接后，一起工作30min后方可下班。

晚班工作人员认真阅读交班表，查看是否留有交代事项，清点耗材，不清楚的地方及时询问早班工作人员。交接好桌号，确认客人所点产品，最好能记住客人的相貌或特点，以防客人临时换了座位而出现错误。

（2）收银台交接班。

早班工作人员提前整理报表、单据、备用金、营业收入，填写交班表确保无误。交接后退出自己的收银账号，留足备用金后将营业款交给负责人。

晚班工作人员认真阅读交班表，查看是否留有交代事项，清点检查报表、单据、备用金，不清楚的地方及时询问早班工作人员。登录自己的收银账号，开始工作。

（3）厨房、吧台交接班。

早班工作人员在不影响出品的前提下，做好清洁整理工作。查看物料是否充足，如有需要及时补充。没有库存的物料及时安排采购，认真填写交班表。

晚班工作人员认真查看交班表是否留有交代事项，检查物料是否充足，设备是否正常。

步骤3：模拟班后会。

（1）收银员整理收银台、登记报表单据，填写交班表。留足备用金后，将营业款交给店长并汇报当天销售数据。

（2）其他工作人员共同清理生产区和服务区，填写交班表并向店长汇报。

（3）店长简单总结当天工作情况，检查各岗位清洁情况和设备设施，检查水、电、气、门窗和安防系统，关灯断电，巡店后结束一天的工作。

【任务评价】

分小组按照上述步骤模拟早班会、交接班和班后会，完成实训评价表 5-1-1。

表 5-1-1　模拟早班会、交接班和班后会实训评价表

评价项目	要点及标准		分值	小组评价	教师评价
工作人员实训准备（5分）	着符合咖啡师岗位要求的服装		1		
	不留长指甲		1		
	不佩戴夸张首饰		1		
	男生不留长发，耳发不过耳，刘海不过眉；女生不披发，可盘发或束发，刘海不过眉		1		
	面部保持洁净清爽		1		
器具准备（10分）	验收表、交接班表、职业装		10		
技能操作（55分）	模拟早班会	考勤时全体工作人员就位	6		
		服务区、生产区工作人员条理清晰地汇报各自工作区域的清洁整理、物料准备和设施设备运行情况	6		
		店长总结并布置临时性工作，宣布开工	6		
	模拟交接班	早班人员做好清洁整理工作，清点耗材，与晚班人员交代顾客情况，填写交班表	6		
		晚班工作人员认真阅读交班表，查看是否留有交代事项，清点检查报表、单据、备用金等物资	6		
	模拟班后会	收银员整理收银台、登记报表单据，填写交班表。留足备用金后，将营业款交给店长并汇报当天销售数据	6		
		其他工作人员共同清理生产区和服务区，填写交班表并向店长汇报	6		
		店长简单总结当天工作情况，检查各岗位清洁情况和设备设施，检查水、电、气、门窗和安防系统，关灯断电，巡店后结束一天的工作	6		
	模拟过程中是否条理清晰		7		
台面清洁（10分）	整洁、卫生的工作区域		10		

续表

评价项目	要点及标准	分值	小组评价	教师评价
效果（20分）	完整掌握咖啡厅的日常营业流程	10		
	注意细节的落实	10		
总分（100分）	小组评价			
	教师评价			
实训反思				

练习与实践

一、单选题

1. 以下不属于早班会工作内容的是（　　）。

A. 听取各岗位准备工作完成情况　　　　B. 检查员工仪容仪表与精神状态

C. 大扫除　　　　　　　　　　　　　　D. 交代临时性的工作或特殊活动

2. 下列只能由早班工作人员完成的工作是（　　）。

A. 设备检查　　　　B. 清洁打扫　　　　C. 物料准备　　　　D. 填写交班表

3. 服务区交接班时，下列错误的做法是（　　）。

A. 记住客人的相貌或特点　　　　　　　B. 交接桌号

C. 检查客人所点产品是否正确　　　　　D. 随意为客人调换座位

4. 营业高峰期，为保证员工用餐应（　　）。

A. 暂停营业　　　　B. 轮流用餐　　　　C. 点外卖　　　　D. 发奖金

5. 下列不属于营业结束时收尾工作的是（　　）。

A. 向店长汇报当天销售数据　　　　　　B. 打扫店面清洁

C. 关灯断电　　　　　　　　　　　　　D. 规范着装

二、判断题（判断正误，正确的打"√"，错误的打"×"）

1.店长应严格考勤，并检查工作人员仪容仪表和着装是否规范。（ ）

2.服务区早班工作人员应在下班前对服务区进行全面清洁整理工作。（ ）

3.早晚班交接前，生产区早班员工应做好收尾工作，包括打扫、备料、订货等。（ ）

4.晚班工作人员认真查看交班表是否留有交代事项，检查物料是否充足，设备是否正常。（ ）

5.店长应检查各岗位清洁情况和设备设施，检查水、电、气、门窗和安防系统，巡店后才能离开。（ ）

三、实践操作

1.走访本地咖啡厅，观察并详细记录其日常营业流程，将观察感受与同学分享。

2.根据一天观察到的咖啡厅日常营业流程和所学知识，说一说应如何做好一名店长。

任务2 咖啡厅吧台的管理

【任务情景】

晓啡在经理的耐心指导下，很快就完全熟悉了咖啡厅的日常营业流程。经理对她的学习态度和能力十分赞赏，便把咖啡厅里的关键区域——吧台交给晓啡管理。面对新的挑战，晓啡暗下决心，一定要把吧台管理好，履行好自己的工作职责。

【任务分析】

学习理论知识，观看相关的图片和视频，通过对吧台出品标准、清洁卫生标准、库存盘点及设备清洁与保养等知识的学习，了解咖啡厅吧台管理工作的内容；通过清洁吧台及其设备用品的实践，掌握吧台卫生的清洁项目及标准，了解吧台管理及卫生对保障咖啡质量、提高生产销售效率的重要意义。

【知识准备】

吧台的管理工作主要有四个方面：

一、严控出品标准

不同的咖啡厅对咖啡和饮品的出品标准略有不同，但都要遵循一些共同的规范。一是严把原料关，采购的原料必须符合国家、行业和企业的相关标准，从源头上确保咖啡的出品品质。二是严格按照店内配方和标准流程制作咖啡。三是载杯、装饰、配送小食、纸巾等，要完备、整洁、美观。四是所有环节都应符合国家食品安全相关法律法规的规定。

二、制定并严格执行吧台清洁卫生标准

吧台是提供产品的地方，清洁卫生不能有半点马虎。吧台的清洁卫生，除了地面墙体的环境卫生外，主要包括工作台、冰箱、陈列架、杯具等在运营中用到的设施设备的清洁卫生。吧台卫生一定要做到制度明确可行，管理细致入微，执行过程中管理者要不断督促与检查。

三、进行吧台库存盘点

管理者和咖啡师一般每周要做一次物料库存盘点。盘点的目的首先是确认吧台物料数量，方便及时补充；其次是确保物料实际数量与销售报表上的记录一致，强化财务管理，控制成本；最后，盘点还能让他们看到什么产品销售得好，什么产品销售得不好，便于及时调整产品结构。

四、做好吧台设备的清洁与保养

咖啡师要能清洁咖啡设备，能进行咖啡机和磨豆机等设备的日常维护。咖啡设备维护保养得好，经营过程中就不出乱子，还能为咖啡厅节约成本。如果忽略了设备维护保养，一旦出现问题就会影响咖啡厅的运营，还会增加成本。

咖啡机和磨豆机
的清洁与保养

【任务实施】

清洁吧台及其设备用品。

1.任务准备

（1）器具准备：吧台及其设施设备、清洁用品、吧台清洁卫生检查验收表、职业装。

（2）小组准备：四人一组（一名吧台长、三名吧员）。

2. 操作步骤

步骤 1：清洁吧台和操作台，如表 5-2-1 所示。

表 5-2-1　清洁吧台和操作台

清洁项目	清洁步骤和方法	检查验收标准	验收结果及整改建议
吧台的清洁	（1）首先用湿抹布将吧台擦拭一遍，擦净台面的浮尘 （2）在污垢或咖啡渍较重的部分喷洒少许清洁剂或去污剂，再次用抹布仔细擦拭，直到污渍全部擦净后，再用清水擦净 （3）用干抹布再次擦拭吧台台面，进行物理抛光，使吧台台面光滑如新 （4）擦拭养护吧台上的装饰物和绿植，并摆放整齐	吧台整体无污渍、无水渍、无卫生死角，吧台台面光滑整洁。装饰物和绿植干净整齐	
工作台的清洁	（1）将工作台上的所有物品全部移开，然后用湿抹布将台面认真擦拭干净 （2）对污渍比较明显的地方再用清洁剂仔细擦净，清洗 （3）在相应的位置上铺上干净方巾或台布，将物品归位	操作台整体无污渍、无水渍、无卫生死角，台面整洁，物品摆放整齐美观，方便操作	

步骤 2：清洁冰柜，如表 5-2-2 所示。

表 5-2-2　清洁冰柜

清洁项目	清洁步骤和方法	检查验收标准	验收结果及整改建议
冰柜内部的清洁	（1）清洁冰柜内部通常1周进行一次，清洁时，应切断电源，取出冰柜内所有的物品、原材料 （2）用湿抹布擦拭冰柜内壁，对重点污渍，容易积累污垢的隔层架等区域要彻底清洁，不留卫生死角 （3）重点清洁冰柜门内侧的密封圈。清洁方法是先用温水擦拭一遍密封圈，然后喷洒一些碱性清洁剂，1至2min后再用抹布或清洁布仔细擦拭，对一些重污垢区在擦拭时可以再喷洒少许清洁剂，直到污垢去除为止，全部擦净后再用温热的抹布将密封圈擦干净 （4）用清洁剂擦拭隔层，并用清水冲净、擦干后将隔层恢复原位 （5）最后，将需冷藏的物品、饮料逐个擦拭干净后放入冰柜，打开冰柜电源，使其正常工作	冰柜内部无污渍、无水渍、无卫生死角。密封圈光滑整洁。冰柜内物品展示美观，干净整齐，方便取用	
冰柜外部的清洁	（1）每天都必须将冰柜外侧擦拭干净，清洁方法是用湿抹布擦拭冰柜外侧，对冰柜上的果汁、污渍、水迹等要进行特别处理，确保擦干擦净 （2）冰柜的玻璃门每天必须用玻璃清洁剂擦拭，确保其光亮透明 （3）门把手是最容易藏污纳垢的部位，清洁时需要用清洁剂喷洒去污，然后再用干净抹布将把手内外擦净	冰柜外部整体无污渍、无水渍、无卫生死角。玻璃门清洁光亮，无污渍、水迹。门把手干净光亮	

步骤 3：清洁展示架，如表 5-2-3 所示。

表 5-2-3 清洁展示架

清洁项目	清洁步骤和方法	检查验收标准	验收结果及整改建议
展示架的清洁	（1）首先将展示架上的装饰物撤下 （2）用湿抹布擦拭展示架 （3）对玻璃、镜面或木制搁板上的酒渍、咖啡渍、污渍喷少许清洁剂，然后用湿抹布擦净 （4）用干抹布再次将展示架彻底擦拭一遍	无灰尘、无污渍，玻璃、镜面光亮整洁	
展示物品的清洁	（1）用干抹布将酒水瓶、装饰物等展示物品擦拭干净，对物品上的果汁、污渍、水迹等要进行特别处理，确保擦干擦净 （2）物品归复原位，摆放酒水瓶时注意将商标朝外	装饰物和酒水瓶干净整齐，摆放规范美观	

步骤 4：清洁杯具和吧台其他器具，如表 5-2-4 所示。

表 5-2-4 清洁杯具和吧台其他器具

清洁项目	清洁步骤和方法	检查验收标准	验收结果及整改建议
杯具的清洁	（1）预洗：将杯中的剩余咖啡、饮料、装饰物、冰块等倒掉，然后用清水冲刷干净 （2）浸泡清洗：将经过预洗的杯具在放有洗涤剂的水槽中浸泡数min，然后再用洗洁布清洗杯具的内外侧，特别是杯口部分，确保杯口的咖啡渍、口红等全部洗净。最后再冲洗干净 （3）消毒：洗净的杯具有两种消毒方法，一是化学消毒法，即将清洗过的杯具浸泡在专用消毒剂中消毒；另一种方法是采用电子消毒法，即将杯具放入专门的电子消毒柜进行远红外线消毒处理 （4）擦干：经过洗涤、消毒的杯具必须放在滴水垫上沥干杯上的水，然后用干净的擦杯布将杯具内外擦干，倒扣在杯筐里备用	杯具干爽、透亮、无污渍、水渍，玻璃杯具光亮透明，严格执行消毒标准	
吧台其他器具的清洁	其他器具包括雪克壶、盎司杯、吧匙、吧刀等工具。具体的清洗方法是： （1）冲洗：用清水将各种器具冲洗一遍 （2）浸泡：漂洗，用专用清洁剂将吧台器具浸泡数min，然后再清洗干净。对雪克壶、盎司杯等器具的内侧需要用清洁布仔细擦洗，不留任何污渍和咖啡渍。雪克壶的过滤网容易残留咖啡渍、酒渍等，清洁时需重点洗刷 （3）消毒：将经过洗涤的吧台器具放入专用消毒剂或电子消毒柜中消毒 （4）沥干擦净：将经过消毒的吧台器具取出，把清水沥净、擦干。吧匙通常是放在苏打水中保存，随用随取	吧台其他器具清洗干净，消毒彻底，摆放规范，方便使用	

【任务评价】

分小组按照上述步骤清洁吧台及其设备用品，完成实训评价表 5-2-5。

表 5-2-5　清洁吧台及其设备用品实训评价表

评价项目	要点及标准	分值	小组评价	教师评价
工作人员实训准备（10分）	着符合咖啡师岗位要求的服装	2		
	不留长指甲	2		
	不佩戴夸张首饰	2		
	男生不留长发，耳发不过耳，刘海不过眉；女生不披发，可盘发或束发，刘海不过眉	2		
	面部保持洁净清爽	2		
器具准备（10分）	验收表、交接班表、职业装	10		
技能操作（60分）	清洁操作台	12		
	清洁冰柜	12		
	清洁展示架	12		
	清洁杯具和其他器具	12		
	清洁过程中是否条理清晰	12		
效果（20分）	完整掌握咖啡厅吧台卫生清洁标准和方法	10		
	注意清洁中主意卫生死角、消毒等细节的落实	10		
总分（100分）	小组评价			
	教师评价			
实训反思				

一、单选题

1.咖啡厅咖啡的出品标准必须符合（　　）。

A.国家相关标准　　　　B.行业相关标准　　　　C.企业相关标准　　　　D.自定的标准

2.管理者和咖啡师（　　）进行一次吧台物料库存盘点。

A.每天　　　　　　　　B.每周　　　　　　　　C.每月　　　　　　　　D.每年

3.下列不属于物料盘点目的是（　　）。

A.确认吧台物料数量，便于及时补充

B.获得产品销售信息，便于及时调整产品结构

C.强化财务管理，控制成本

D.提高产品质量

4.下列不属于吧台管理职责的是（　　）。

A.严控出品标准　　　　　　　　　　B.清洁大厅

C.制定吧台卫生管理制度　　　　　　D.养护咖啡机

5.下列不属于杯具清洁检查验收标准内容的是（　　）。

A.杯具干爽透亮　　　　　　　　　　B.严格消毒

C.杯具无污渍、水渍　　　　　　　　D.杯具无损伤

二、判断题（判断正误，正确的打"√"，错误的打"×"）

1.清洁冰柜内部时，应切断电源，最好不要挪动冰柜内的物品和原材料。（　　）

2.冰柜的玻璃门每天必须用玻璃清洁剂擦拭，确保其光亮透明。（　　）

3.清洁展示架后，展示物品应归复原位，摆放整齐即可，无朝向要求。（　　）

4.杯具消毒有两种方法，一是化学消毒法，另一种是物理消毒法。（　　）

5.吧匙通常是放在苏打水中保存，随用随取。（　　）

三、实践操作

走访本地咖啡厅吧台工作人员，详细记录他们一天的工作内容，并与同学分享。

任务3　咖啡厅的服务与接待

【任务情景】

晓啡在工作中观察到咖啡厅的服务与接待都非常有讲究和技巧，除制作咖啡外，晓啡还想提升自己的服务水平和经营能力，为以后开一家自己的咖啡馆做准备。为此晓啡不断学习咖啡厅是如何进行服务与接待的。

【任务分析】

学习理论知识，观看相关的图片和视频，通过对咖啡厅服务的重要性、接待流程与注意事项等知识的学习，了解咖啡厅在实际运营过程中的注意事项；并通过练习咖啡厅的顾客服务与接待流程的实践，掌握咖啡厅服务与接待技巧，培养巧妙运用服务与接待技巧及时处理店内突发状况的意识。

【知识准备】

咖啡厅服务与接待的重要性

一、咖啡厅服务的重要性

咖啡行业从某种角度来说就是服务型行业，一家咖啡厅的咖啡味道再香醇，如果服务质量不佳，也很难吸引和留住顾客，如图 5-3-1 所示。

图 5-3-1　咖啡行业

二、咖啡厅的服务与接待流程

1. 迎宾

当顾客进入咖啡厅时迅速将门打开，面带微笑，并以 15°的鞠躬姿势迎接顾客，使用如"您好，欢迎光临"等礼貌性用语，同时询问顾客人数，引导顾客入座。在引领过程中，需采用"横摆式"手势，右手五指伸直并拢，手掌自然伸直，手心向前，伸直右臂，向右下方指引顾客并示意，同时礼貌地对客人说"您请跟我来"。迎宾时要面带微笑，态度亲切。

2. 带位

在确定顾客人数及空台情况后，引导顾客入座。若顾客有倾向的座位，应该在条件允许的情况下，尽量满足。使用"请跟我来""您好，这边请""您好，往这边，注意脚下"等礼貌性用语。若为衔接式带位，各区域的服务人员应该协调配合带领客人入座，不可背向顾客，不可用手随意指指点点。

3. 入座

当顾客入座后及时送上水及菜单。使用"请喝水""这是我们的菜单，请过目"等礼貌性用语。

4. 点单

接受顾客点单时，面带微笑，腰微微弯曲。使用"您好，请问现在需要点餐吗？"等礼貌性用语，同时可以在顾客需要的情况下推荐产品。

5. 出品（上餐）

出品前检查餐具器皿及产品的卫生，并确认是否为顾客所点产品。上餐时，使用"打扰一下，您的某某产品，请慢用""祝您用餐愉快"等礼貌性用语。

6. 巡台

3～5min巡台一次，随时注意观察顾客的需求。可选择性使用"打扰一下，替您加点水""打扰了，帮您换个烟灰缸"等礼貌性用语。

7. 中途整理

若顾客桌面需要整理，应先征得顾客同意再整理。若餐具内还有食物，应先询问顾客是否需要，再进行收拾。整理时，对顾客的帮忙表示感谢。

8. 买单

拿到账单时，先进行核实，以免出现差错。收钱时，应面向顾客，面带微笑；顾客结账时，需要报出所收钱的金额与找零金额；找零时，需要双手奉上。另外，需要寻找机会询问顾客对产品、服务、价格等方面的感受，当顾客提出疑问时，需要耐心解释。

9. 送客

顾客要离开时，应主动送客。区域服务员送客时，应暂停手下的工作，使用"请慢走，欢迎下次光临""谢谢光临"等礼貌性用语。

10. 收台

顾客走后，尽快清理台面，以迎接下批顾客的到来。

咖啡厅服务与接
待的注意事项

三、服务与接待的注意事项

1. 个人卫生

上岗前不饮酒，不吃异味大的食物，保持牙齿清洁、口气清新。指甲不可过长，不用指甲油，接触食物前必须洗手。勤理发、勤洗头，保持头发梳洗整齐，没有头皮屑。

2. 着装

穿工作服上岗，保持服装干净、整洁、平整、无褶皱。

3.仪容仪表

上岗需保持面容干净整洁、大方舒适、精神饱满。男性不得留长发，前发不过耳、后发不过领，不留胡子。女性需淡妆，容貌自然、青春活力，不浓妆艳抹，不佩戴首饰。

4.举止

在岗时需精神饱满、自然大方，做好随时为客人服务的准备。站立时，保持优美站姿、面带微笑，行走时，两眼目视前方，身体保持垂直平稳。

5.服务

对待客人谦虚有礼、态度诚恳，尊重顾客的风俗习惯及宗教信仰，按顾客的要求和习惯提供服务。交谈时注意倾听，精神集中、表情自然，不随意打断顾客谈话或插嘴，时刻保持尊重和关注。

【任务实施】

练习咖啡厅的顾客服务与接待流程，包含迎宾、带位、入座、点单、上餐、巡台、买单、送客、收台等项目。

1.任务准备

小组准备：四人一组（一名服务员、三名顾客）。

2.操作流程

咖啡厅的顾客服务与接待流程，如图 5-3-2 所示。

咖啡厅的服务与
接待流程

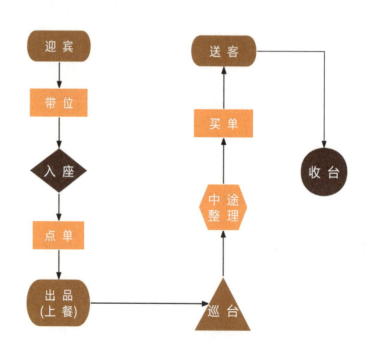

图 5-3-2　咖啡厅的顾客服务与接待流程

3. 操作步骤

步骤 1：迎接顾客，开门引客进入，询问顾客几人用餐，如图 5-3-3 所示。

步骤 2：引导顾客入座，若顾客有中意的座位，需要根据实际情况优先安排，如图 5-3-4 所示。

图 5-3-3 迎接顾客   图 5-3-4 引导顾客入座

步骤 3：顾客入座后，及时送上温水或茶水，并递上菜单，如图 5-3-5 所示。

图 5-3-5 送水并递菜单

步骤 4：接受顾客点单，在有需要的情况下，给顾客推荐产品，如图 5-3-6 所示。

步骤 5：上餐前仔细核对是否为顾客所点，检查器具是否干净，如图 5-3-7 所示。

图 5-3-6 接受顾客点单   图 5-3-7 核对餐品

步骤 6：上餐结束后定时巡台，观察顾客是否有需求，如图 5-3-8 所示。

步骤 7：中途整理，如果出现空盘，在经得顾客同意后及时撤掉，如图 5-3-9 所示。

图 5-3-8　巡台

图 5-3-9　中途整理或加水

步骤 8：买单结束时，仔细核对账单是否准确，同时找机会询问顾客用餐感受，如图 5-3-10 所示。

步骤 9：买单结束后，主动送客，如图 5-3-11 所示。

图 5-3-10　买单

图 5-3-11　送客

步骤 10：顾客离店后，尽快收拾台面，以便迎接下一桌顾客，如图 6-3-12 所示。

图 5-3-12　收拾台面

【任务评价】

分小组按照上述步骤练习咖啡厅的顾客服务与接待，完成实训评价表 5-3-1。

表 5-3-1　咖啡厅的顾客服务与接待实训评价表

评价项目	要点及标准	分值	小组评价	教师评价
工作人员实训准备（10分）	着符合咖啡师岗位要求的服装	2		
	不留长指甲	2		

评价项目	要点及标准	分值	小组评价	教师评价
工作人员实训准备（10分）	不佩戴夸张首饰	2		
	男生不留长发，耳发不过耳，刘海不过眉；女生不披发，可盘发或束发，刘海不过眉	2		
	面部保持洁净清爽	2		
接待流程（18分）	迎宾、带位、入座、点单、上餐、巡台、买单、送客、收台等接待流程完整	18		
技能操作（52分）	言语礼貌	13		
	举止优雅	13		
	服务专业	13		
	服务过程中是否条理清晰	13		
效果（20分）	服务符合礼仪规范，无客户投诉	10		
	服务符合规章制度，无安全事件发生	10		
总分（100分）	小组评价			
	教师评价			
实训反思				

一、单选题

1.有顾客到店时，迎宾应（　　）。

A.站在门口不动

B.在门口和其他人闲聊

C.鞠躬问好，帮顾客开门，引导顾客进店

D.在门口东张西望

2.顾客用餐过程中，发现有空餐具应（　　）。

A.当作没看见

B.主动问询，经得顾客同意后，收走

C.直接上前收走

D.等到顾客受不了了再去收

3.上岗前，应（　　）。

A.饮酒

B.吃异味大的食物

C.涂一个美美的指甲油

D.做好个人清洁卫生，保持个人清爽干净

4.工作中，可以（　　）。

A.穿怪异的服装

B.染大红大紫的头发

C.着工作服

D.穿拖鞋

5.顾客离店后，应（　　）。

A.站着不动

B.和其他同事聊天

C.快速整理台面，以便迎接下一桌顾客

D.东走走，西看看

二、判断题（判断正误，正确的打"√"，错误的打"×"）

1.顾客到店后，先让顾客点餐再进入店内。（　　）

2.在岗期间，化浓妆，留长指甲。（　　）

3.男性服务员留齐耳短发，前不过额，后不过领。（　　）

4.顾客买单后任其自行离开。（　　）

5.工作服可随意丢放，有明显脏污处也不用处理。（　　）

三、实践操作

1.迎宾是咖啡厅接待中最重要的一步，分小组即兴演练迎宾，并注意使用礼貌用语。

2.走访本地咖啡厅，实地感受咖啡厅的接待与服务，与同学分享并完成记录表5-3-2。

表5-3-2　咖啡厅接待与服务记录表

项目	检查内容	是	否	备注
1	能否在客人抵达咖啡厅后1min内招呼客人？（10分）			
2	服务员是否亲切、友善地问候客人？（10分）			
3	服务员能否在客人提出要求后1min内呈上餐牌？（10分）			
4	服务员是否向客人介绍当天的特选咖啡品种？（10分）			
5	点单时，服务员是否与客人保持眼神交流？（10分）			
6	上餐时是否尽量避免干扰客人？（10分）			
7	客人用餐过程中，服务员是否定期巡台，并主动询问客人是否还有其他需求？（10分）			

项目	检查内容	是	否	备注
8	客人买单时，服务员是否询问客人对服务的满意程度？（10分）			
9	客人离开餐厅时，服务员是否礼貌送客？（10分）			
10	是否在客人离开后立即清洁台面？（10分）			
检查得分（共100分）：				

参考文献

［1］韩怀宗. 精品咖啡学（上）［M］. 北京：中国戏剧出版社，2012.

［2］韩怀宗. 精品咖啡学（下）［M］. 北京：中国戏剧出版社，2012.

［3］丑小鸭咖啡师训练中心. 手冲咖啡萃取［M］. 青岛：青岛出版社，2016,

［4］詹姆斯·霍夫曼. 世界咖啡地图［M］. 王琪，谢博戎，译. 北京：中信出版社，2020.

［5］史考特·拉奥. 咖啡冲煮科学［M］. 魏嘉仪，译. 北京：方言文化出版社，2020.

［6］许宝霖. 寻豆师［M］. 北京：中信出版社，2021.

［7］格洛丽亚·蒙特内格罗. 咖啡简史［M］. 谢巧娟，译. 苏州：古吴轩出版社，2020.